Dagny Kerner • Imre Kerner
Die Sprache der Pflanzen

Dagny Kerner • Imre Kerner

Die Sprache der Pflanzen

… und wie wir sie verstehen können

Albatros

Titel der Originalausgabe:
Der Ruf der Rose.
Was Pflanzen fühlen und wie sie mit uns kommunizieren
© 1992 by Verlag Kiepenheuer & Witsch, Köln

Bibliographische Information der Deutschen Bibliothek

Die Deutsche Bibliothek verzeichnet diese Publikation
in der Deutschen Nationalbibliographie;
detaillierte bibliographische Daten sind im Internet
über http://dnb.ddb.de abrufbar.

Genehmigte Lizenzausgabe für Albatros,
Patmos Verlag GmbH & Co. KG, Düsseldorf, 2005

Inhalt

Dank

Die Idee für dieses Buch entstand 1988 in einem Gespräch mit unserem Freund Heinrich Brunner, Chemiker an der Universität Ulm und Spezialist für Analytik. Wir saßen nach einer hitzigen Debatte über Chemie und Umweltgifte wegen eines Films für das politische Magazin Report Baden-Baden nachts in einem Ulmer Restaurant und unterhielten uns darüber, wie notwendig es ist, sich auch einmal mit etwas Positivem und Schönem zu beschäftigen. Der kleine Blumenstrauß, der als Tischdekoration vor uns stand, brachte unser Gespräch auf all die Menschen mit dem sogenannten ›grünen Daumen‹, die mit ihren Blumen sprechen. Das war der Anfang unserer zweijährigen Recherchen.

Wie seit vielen Jahren bei komplizierten wissenschaftlichen Themen wandten wir uns an Dr. Helmut Oehling, der als Chemiker an der Universitätsbibliothek in Stuttgart arbeitet. Er schaffte es immer wieder, für uns auch in den entlegendsten wissenschaftlichen Datenbanken Literatur zu unserem Projekt Kommunikation der Pflanzen zu finden und stellte die ersten Kontakte zu Wissenschaftlern her, die an diesem Thema arbeiten und half uns auch später mit vielen Ideen weiter.

Barbara Quint, eine selbständige Datenbank-Rechercheurin aus Santa Monica in Kalifornien, fanden wir mit Hilfe der Kollegen vom SPIEGEL. Sie ergänzte die wissenschaftlichen Recherchen von Dr. Oehling und suchte für uns in amerikanischen Zeitungs- und Zeitschriftendatenbanken nach Menschen in den USA, die mit den Pflanzen reden.

Als wir zu einem Fernsehinterview für ein ganz anderes Thema in Florida waren und wegen der Zeitverschiebung nachts nicht schlafen konnten, blieb unser Interviewpartner, Professor Ralph Dougherty von der Florida-Universität, mit uns auf. Spät in der Nacht unterhielten wir uns über unser neues Buchprojekt, als ihm plötzlich einfiel, daß er einen Schamanenausbilder kannte, der ihm vor langer Zeit erzählt hatte, daß die Indianer immer mit dem ›Grünen Volk‹, den Blumen und Bäumen, reden. Er stellte den Kontakt zum Medizinmann der Apachen, Peter Bearwalks, her und öffnete uns damit die Tür zur Welt der nordamerikanischen Indianer.

Blieb das Problem, wie all die notwendigen Reisen und Recherchen finanziert werden sollten. Das löste Dr. Henning von der Osten, Therapeut in München, indem er uns mit der Schweisfurth-Stiftung zusammenbrachte. Er half uns auch bis zum Ende des Buches immer wieder mit seinen Gedanken, Hinweisen und mit Literatur.

Bernd Fischer und Lothar Miller aus Ulm entwickelten neue Geräte und Elektroden für uns, mit denen man elektrische Signale von Pflanzen messen und beobachten kann. Die beiden führten auch selbst Versuche mit ihren Pflanzen durch und arbeiten weiter am Thema.

Anton Wariwoda, Philosophiestudent aus Klagenfurt, der sein Studium mit Nachtschichten als Taxifahrer finanziert, half uns mit Hinweisen aus seinem Spezialgebiet, Philosophie und Religion.

Für den Verlag Kiepenheuer & Witsch begleiteten Helge Malchow und Erika Stegmann unser Buch, das Erika Stegmann mit viel Spaß am Thema einfühlsam lektorierte.

Bei ihnen allen möchten wir uns für ihre Hilfe sehr herzlich bedanken; ohne ihre Ideen hätten wir das Buch in dieser Form nicht schreiben können.

Unser besonderer Dank gilt auch Alla und Nenno Reinery, Appenhagen; Uli Booms und Martina Schröter, Baden-Baden; Tini Brugge-Hilhorst, Delft; Antje Lohaus, Düsseldorf; Wladislav Goworuchin, Moskau; Christine Heron Stockton, San Francisco; Dr. Heinrich Vokkert, Haltern; Professor Andreas Resch, Innsbruck; Helga und Dr. Hein

Radek, Haltern; Maiko und Niko und unseren Interview-
partnern aus vielen Ländern, die mit uns ihr Wissen teilten.

Einladung

Lieben Sie Blumen? Und die Bäume im Garten, im Wald? Möchten Sie die Geheimsprache der Natur kennenlernen, damit Sie mit Ihren Blumen sprechen und sie auch verstehen können? Dann kommen Sie mit uns auf eine Reise, die über die Grenzen des bislang Bekannten weit hinausgeht und einen Blick in die Zukunft erlaubt. Auf eine Reise, bei der Sie Menschen mehrerer Kontinente kennenlernen, Professoren und Schamanen, Auraleser und Ingenieure, Biochemiker und Heiler, deren Wissen die Konturen völlig neuer Erkenntnisse über die Kommunikation der Natur aufzeigt. Erkenntnisse, die von der Aura von Pflanze und Mensch bis zur Heilung durch Handauflegen vieles in einem neuen Licht erscheinen läßt, das bislang in den Bereich des Okkulten und der Esoterik abgeschoben wurde.

Erleben Sie mit uns, wie in Kalifornien ein Aprikosenbaum Gedichte schreibt, und wie französische Wissenschaftler herausfanden, daß sich die Zweizahnpflanze an ihre »Kindertage« erinnern kann. Besuchen Sie mit uns einen Schweizer Chemiekonzern, der die Urpflanzen dieser Erde auferstehen läßt, mit Elektrizität längst ausgestorbene Fische herzaubert – selbstverständlich patentrechtlich geschützt – und meint, eines Tages auch die Dinosaurier wieder zum Leben erwecken zu können. Gehen Sie mit uns zurück zu den Wurzeln alten Wissens in die faszinierende Welt indianischer Medizinmänner Nordamerikas. Kommen Sie mit uns ins Labor eines deutschen Physikers, der das Licht des Lebens, die Aura der Lebewesen, mißt, und lernen Sie eine amerikanische Auraleserin und Heilerin kennen, die das Licht des Lebens sieht. Einen kurzen Abstecher ins Jenseits machen wir auch, um zu erfahren, daß große, alte Bäume die besten Antennen zum Universum sind. Lernen Sie das Alarmsystem des Waldes kennen, und wie amerikanische Chemiker dieses System im Reagenzglas analysieren.

Sie werden mit uns Kurioses und Erstaunliches erleben, wenn wir die Menschen in den verschiedensten Ländern besuchen. Machen Sie sich Ihr eigenes Bild. Wir sind nie als verlängerter Arm der Schulwissenschaft gereist, frei von Dogmen und Vorurteilen haben wir unseren Gastgebern zugehört.

Ganz am Ende der Reise hat eine Rose das Wort, die hofft, daß das kommende Zeitalter als die Zeit des Lichts, als Light Age, in die Geschichte der Erde eingehen wird.

Im Januar 1992,
Dagny Kerner und Imre Kerner

Kapitel I: Vorreiter in der Grauzone

Mensch schmeckt gut

Long Beach, Kalifornien, USA

Die Lemon Street, ›Zitronenstraße‹, ist eine kleine, ruhige Seitenstraße am Stadtrand von Long Beach. Alleebäume rechts und links, Motorboote auf Anhängern vor der Haustür geparkt, Wohnmobile, die üblichen Zweit- und Drittwagen, die typische Wohnlandschaft der weißen kalifornischen Mittelschicht.

Das Haus Nummer 5923 unterscheidet sich in nichts von den Häusern der Nachbarschaft, ein Bungalow mit Veranda und Vorgarten.

Hinter der überaus bürgerlichen Fassade passiert aber etwas Einmaliges, das es sonst nirgendwo auf der Welt gibt: Ein Aprikosenbaum redet. Als Joe Sanchez uns ins Eßzimmer führt, hören wir bereits die monotone, metallisch klingende Stimme: »Härte muß hart sein, im Licht einer möglichen Verbesserung der Luftnahrung!« So die rätselhafte Begrüßung des redseligen Aprikosenbaums. Joe entschuldigt sich für die schlechte Tonqualität mit der Bemerkung, daß er nicht mehr Geld ausgeben konnte, als er vor Jahren den Sprachen-Synthesizer für seinen Computer kaufte.

Joe Sanchez' Experimente zur ›Übersetzung pflanzlicher Äußerungen und/oder pflanzlicher Kommunikation‹ – so der offizielle Titel seines Computerprogramms – werden im ehelichen Schlafzimmer dokumentiert. Im Verlauf der Jahre mußten eingebaute Wandschränke weichen, auf zwei Quadratmetern entstand ein Elektronikzentrum mit immer moderneren Computern, Monitoren und Kabeln, überall sind Kästen aufeinandergestapelt, Lampen blinken, Knöpfe und

Tastaturen, deren Funktion für Nichteingeweihte undurchschaubar bleibt. Davor ein übergroßer Kippstuhl, in dem Joe über die geheimnisvollen Äußerungen seiner Pflanzen und Bäume nachdenkt. Denn vieles, was die Pflanzen sagen, klingt für Menschen wie ein Bilderrätsel in Fortsetzungen, immer neu und selten eindeutig.

»Im Innern der Erinnerung, hin zum Licht, mache deine Entdeckungen draußen, die Berührung wird anziehend gewesen sein«, so die Anweisung des Aprikosenbaums an uns. Joe zieht den Vorhang zur Seite, um uns den Aprikosenbaum zu zeigen. Der steht in etwa 10 Meter Entfernung im Garten hinter dem Haus. Die Äste und den kurzen Stamm kann man kaum sehen, so dicht sind die Blätter gewachsen. Vereinzelt entdeckt man Früchte im Dickicht der Blätter, sie sind noch klein und grün.

Vor vielen Monaten hat Joe zwei Löcher etwa einen Meter über dem Erdboden in den Stamm gebohrt und zwei Metallelektroden eingesetzt. Die Kabel, die die Elektroden mit dem Computer verbinden, sind fachmännisch wie eine Telefonleitung montiert, Joes Experiment ist auf Dauer angelegt. Was für Joe alltäglich ist, wirkt auf uns mehr als befremdlich, sozusagen surreal. Der pausenlos weitersprechende Baum mit Roboterstimme, die Wörter im Computerbildschirm sichtbar, die Elektronikecke statt Nachttisch neben dem King-size-Ehebett. Nachdem wir unsere erste Sprachlosigkeit überwunden haben, überschütten wir Joe mit Fragen. Der verschafft sich Zeit, besteht auf den Besuchsritualen des Hauses, noch dazu, weil wir aus dem fernen Germany gekommen sind. Also zurück ins Wohnzimmer, klar, dort steht ebenfalls ein Computer, es könnte ja gar nicht anders sein. Joes Frau Isla, eine professionelle Geigenspielerin, will gerade Eistee servieren. Sie kommentiert unsere vielsagenden Blicke auf den Wohnzimmercomputer mit der beruhigenden Bemerkung, daß bis aufs Bad und die Toilette in jedem Zimmer des Hauses mindestens einer steht. Der Eistee besteht mehr aus Eiswürfeln denn aus Tee und verbreitet den fürs amerikanische Wasser typischen dezenten Chlorgeruch.

»Seit Jahren hören wir dem Aprikosenbaum und auch anderen Pflanzen zu«, eröffnet Joe das Gespräch, »manchmal verstehen wir, was sie sagen, dann kommt wieder etwas Sinnloses. Sie müssen es schon selber interpretieren. Ich bin nicht mal sicher, ob die Pflanzen wirklich reden, oder ob sie nicht Antennen oder Sprachrohre sind für etwas, was draußen ist, was vielleicht überall ist.« Auf unsere Frage, was er damit meint, antwortet er mit dem Ausdruck ›spirit‹, jener Formulierung, die nicht mit einem Wort zu übersetzen ist; ›spirit‹ bedeutet Geist und auch Seele und auch Gott. »Was es auch immer ist, ich meine Energien, die außerhalb unserer normalen Wahrnehmung wirken. Da Blumen und Bäume sich nicht fortbewegen wie wir, sind sie im Universum ganz anders eingebettet als wir.« Für einen Ingenieur keine lässig dahingesagten Worte, kein New-Age-Partygespräch. Joe Sanchez ist von Beruf Elektronik- und Computerfachmann, zur Zeit arbeitet er am Design von Antennen für Nachrichtensatelliten.

Ein amerikanischer Lebenslauf. Aufgewachsen in der berühmt-berüchtigten New Yorker Bronx, als erster seiner Familie in den USA geboren. Vater aus Mexiko eingewandert, die Mutter aus Costa Rica. Erste Drogenerfahrungen als Jugendlicher, dann die Army, Air Force. Im Wohnzimmerregal ein Bierkrug aus Deutschland mit der Aufschrift: ›Erste taktische Raketensquadron, Bitburg‹. Die amerikanische Luftwaffe schickte ihn in sämtliche Elektronikkurse, die Anforderungen waren sehr hoch, denn auf Joe Sanchez wartete in Deutschland eine spezielle und sehr geheime Aufgabe: die Montage nuklearer Sprengköpfe auf Raketen. 1953 gehörte Joe zur ersten amerikanischen Einheit mit Nuklearwaffen auf deutschem Boden. Angst und Druck waren groß, niemand aus seiner Einheit durfte auch nur ein Wort über die Arbeit erzählen. Die Offiziere sagten, daß Joes Einheit offiziell gar nicht in Deutschland existierte.

Nach der Entlassung aus der Armee ließ ihn sein Handwerk nicht mehr los, weitere Ausbildung in Elektronik. Als freiberuflicher Ingenieur arbeitete er an den bekanntesten amerikanischen Großprojekten mit, am Raumfahrtprogramm der Nasa, speziell sieben Jahre Space Shuttle, Flugzeugdesign, Atomanlagen, Arbeiten teils in zivilen, teils in militärischen Bereichen. Zwanzig Prozent des amerikanischen Waffenprogramms wird in Südkalifornien konzipiert und zusammengebaut, hier sind die größten und bekanntesten Hersteller angesiedelt. Da Joe freiberuflich tätig ist, kann er sich die Zeiten aussuchen, in denen er seit nunmehr 20 Jahren seinem Hobby, der Pflanzenkommunikation, nachgeht.

Tage und Nächte hat er allein oder zusammen mit seiner Frau den Pflanzen zugehört, einem Philodendron, einem Magnolienbaum, einer Dieffenbachie, dem Aprikosenbaum hinter dem Haus, der noch immer mit seinen elektrischen Signalen Wörter aus Joes Computerprogramm abruft. »Technisch orientierte Menschen«, sagt Joe, »haben mit Esoterik nichts im Sinn. Wir sind einfach keine metaphysischen Typen. Das geht einfach nicht, wenn man Techniker ist. Auf der anderen Seite dürfen wir aber auch nichts vom Tisch wischen, nur, weil wir dafür keine Erklärung haben. Es ist bekannt, daß jedes Lebewesen elektrische Signale abgibt, daß um uns herum elektromagnetische Felder sind, daß Kontakte und der Austausch von Information stattfinden. Nur eben auf Ebenen, die uns nicht bewußt sind. Diese Ebenen möchte ich mit den Mitteln, die mir als Techniker vertraut sind, anzapfen.«

Ein Atomraketenbauer und Space-Shuttle-Experte, der mit seinen technischen Mitteln eine ›höhere Ebene‹ anzapfen will, der jeden Tag seinem Aprikosenbaum zuhört, auf der Suche nach sinnvollen Botschaften aus eben jener ›anderen Welt‹. Unser Gespräch wird jäh unterbrochen, die vier Töchter sind nach Hause gekommen. Die Fragen nach dem Sinn des Baumgeplauders enden in Musik, alle vier Töchter spielen Instrumente, Cellos, Klavier und Klarinette. Kein Spukszenario eines einsamen Mannes, dessen Leben zu Haus von einer Roboterstimme bestimmt wird. In einem Zimmer wird ein neues Mozartstück einstudiert, Freunde kommen, zwei der Töchter bereiten das Abendessen für den gerade aus dem Krankenhaus entlassenen Großvater vor. Joe flüchtet, wie er selbstironisch meint, aus dem ›hier und jetzt‹, Einladung in sein Lieblingsrestaurant, französische Spezialitäten, und das in Long Beach.

Da sitzen wir nun mit einem Atomwaffenbauer in einem pseudofranzösischen Restaurant auf unbequemen Stühlen, die aber zur Zeit in Kalifornien als besonders elegant gelten. Zwischen Hauptgericht und Nachspeise reicht uns Joe 40 Seiten Computerausdrucke mit der Bemerkung, daß er selbst nicht weiß, ob er das als Lyrik, Philosophie oder Quatsch bezeichnen soll. Es sind die Texte seines Magnolienbaums vor dem Haus, dem er viele Jahre lang zugehört hat. Eine ganz besondere Beziehung verbindet ihn mit diesem Baum, für ihn ist es selbstverständlich, den Baum als Lebewesen zu begreifen. »Zwischen ihm und mir gibt es so eine Art der Übertragung von Gedanken und Ideen, ja sogar von Gefühlen, im Lauf der Zeit wurde es für mich ganz normal, mit diesem Baum zu reden. Manchmal meine ich, daß der Magnolienbaum über historische Ereignisse aus einer anderen Zeit und Welt berichtet. Aber ich will Sie nicht beeinflussen, jeder muß selbst sein Urteil fällen, was das alles soll.« Nach dem Espresso liest er uns einige Kostproben vor:

»Ganz das Gegenteil bis zum folgenden,
im Verlauf die Luft zu erreichen.
Ohne das folgende,
bis zur rettenden Sicherheit.
Jedermann nach der längst fälligen Warnung,
wegen des Versprechens in Träumen.
Rat wird Ruhe bescheren,
jemand kann es tun,
sehr schnell und dringend.
Erfolgreich durch Leichtsinn,
Pflanzen vor allen anderen.
Jemand erreicht Frieden in Träumen,
ohne Zähmung – über die Menschen hinaus.
Taten werden ausgedient haben,
etwas Stillstehendes hin zum Unabhängigen.
In Richtung der einkommenden Information hinauf.
In der Wendung zum Guten,
könnte das Vorausgehende verbessern,
auf niemandes Rechnung bis zur Aufgabe.
Jemand absichtlich,
der Länge nach unterzutauchen.
In der Untersuchung zwischen Pflanzen,
in langer Übereinstimmung,
über die Verformung hinaus,
erkläre genau die Hilfe,
vom geraubten Bereich.

10.1.87
11.30 Uhr
Magnolienbaum

Plötzlich jenseits der Seite,
wissender Klang.
Im Innern des Heilmittels,
den nützlichen Nichtgebrauch hinunter.

Der mit voller Geschwindigkeit
zu diesem Zweck
von außen her angreift.
Reisen mag Mitleid erzeugen,
jedermann darf sein,
am Platz bereit.
Durch Kraft jenseits der Übereinstimmung,
reise wissend.
Niemand bitte,
warne den Schoß,
einmütig durch Krümmungen.
Eckigkeit könnte Sicherheit bedeuten,
stärken könnte es tun,
eckig in Verzweiflung.
Mit dem Kopfsprung
jenseits des harten Brauchs.
Vom Wort nach Hause,
Zustimmung könnte versprechend wirken,
über die Spitze vergangener Hitze.
Niemand gleich, schwer durch Überraschung.
Unter den günstigen Vorzeichen
bis zu Krümmungen,
über den warnenden Geruch hinaus.
Den Schoß hinauf,
gelb sei erlaubt,
gnädig in der Hoffnungslosigkeit.

10.1.87
14.15 Uhr
Magnolienbaum

Mit Geschwindigkeit weiter Irrtum,
Ankunft in Verzweiflung.
Jemand nach der fälligen Warnung,
Versprechen, Versprechen,

ohne Hoffnung nach der Landwirtschaft.
Die Ankunft bewirkt zuwiderhandeln,
einer wird es tun,
nützlich zu Hause.
Aus Wahrscheinlichkeit,
innerhalb des besseren Besitzers.
Einstimmig im Bereich der Milde,
die oberirdische Öffnung.
Ohne das Leben,
hinauf zum Schnellen hören.
Stärkung bei der Tat,
zur Vorbereitung,
sei in Frieden hier.
Frieden muß gewollt werden,
man könnte es schaffen,
im Kampf mit dem Willen.
Bis zu einem begrenzten Umfang
zum Leben hin,
einmütig der Lehrer.
Irgendwer weiter hinten,
greift die Luft an,
in vorgezeichneten Redensarten
ohne Geschmack.
Sicherheit wird gebogen,
was unter der Sonne abwehrend wirken kann.
Bis zur Verkrümmung,
ohne die gebogene Klarheit.
Vorne bis zur Steifheit,
Verlust kann Hilfe sein,
im Konflikt mit dem,
was geblieben ist.
Jemand treibend,
wissend schwierig.
Ohne Einschränkung,

außer der Fürsorge,
über das übertragbare Licht hinaus.
Das Wasser hinauf,
erreiche Übereinstimmung,
früher oder später voll des Mitleids.«

10.1.87
23.30 Uhr
Magnolienbaum

Joes Erklärungen, wie diese Texte rein technisch zustande
gekommen sind, können wir nur in einigen Punkten folgen.
Ausdrücke aus der Computersprache, Syntaxprogramme,
Digitalchinesisch, Joe Sanchez, der Elektronikfachmann ist
plötzlich unser Gegenüber. Schweren Herzens bleibt uns
nichts anderes übrig als einzusehen, daß es für uns nicht
möglich sein wird, die technische Richtigkeit seines Tuns
nachzuvollziehen. Nicht einmal die zahllosen Fehlschläge
des amerikanischen Space-Shuttle-Programms bringen uns
auf die Idee, daß er grundsätzliche technische Fehler in seinen Experimenten mit Pflanzen seit 20 Jahren duldet. Hartnäckig zwingen wir ihn, die technischen Ausdrücke verständlich zu erklären, damit wir ohne Detailkenntnisse wenigstens in groben Zügen verstehen, was sich zwischen
Computer und Magnolienbaum abspielt; wie wird aus einem
Baum ein Dichter? Zumindest rein technisch. »Jedes Lebewesen, egal ob Einzeller oder Elefant, Blume oder Baum,
sendet elektromagnetische Signale aus. Man kann sogar sagen, daß ohne diese Signale kein Leben existiert. Das bedeutet, daß Menschen und Pflanzen ständig elektromagnetische
Signale senden und auch empfangen könnten. Sie müssen
sich das so vorstellen wie ein Radiogerät. Auch auf das Radio wirken ständig etliche Sender ein, aber ob Sie eine bestimmte Radiostation hören, hängt davon ab, ob Ihr Radio
eingeschaltet ist und ob Sie Ihr Radio auf die Wellenlänge

des Senders abgestimmt haben. Da aber Menschen und Pflanzen auf verschiedener Wellenlänge senden, verstehen wir die Pflanzen nicht ohne weiteres. Wir sind nicht oder vielleicht besser nicht mehr aufeinander abgestimmt. Wenn wir Menschen denken, entstehen im Gehirn elektrische Ströme, die man seit vielen Jahren mißt. Das ist reine Energie, wenn Sie wollen, und ich frage mich, wo geht diese Energie hin, sie geht doch nicht verloren!« Nach und nach erfahren wir doch, wie der Baum via Computer ein Gedicht schreiben kann. Vereinfacht ausgedrückt, zapft Joe mit den beiden Elektroden im Stamm des Baumes die sich ständig ändernden elektromagnetischen Signale an. Für seinen Computer mußte er völlig neue Programme entwickeln, damit diese Signale verarbeitet werden konnten. Aus einem Wörterbuch der englischen Sprache gab er die 900 meistgebrauchten Wörter in seinen Computer ein. Gern hätte er noch mehr eingegeben, doch bei 910 Wörtern brach der Computer regelmäßig zusammen. 900 Wörter sind ohnehin mehr als der Wortschatz des Durchschnittsamerikaners; darunter sind z. B ›Ankunft‹, ›essen‹, ›weil‹, ›vor‹, ›nach‹, ›öffnen‹, ›Öffnung‹, ›Licht‹, ›anziehen‹, ›Schwerkraft‹ usw. Ergänzend zum Wortschatzprogramm entwickelte er ein Satzbauprogramm. Bäume und Pflanzen ›wählen‹ nun mit ihren elektrischen Impulsen Zahlen im Computerprogramm an, denen die Wörter nach dem Zufallsprinzip zugeordnet sind. Wochenlang telefonierte er mit Universitäten auf der Suche nach Wissenschaftlern, die sich mit ähnlichen Problemen beschäftigen. Er mußte allein weitermachen, niemand arbeitet an diesem Thema.

Für Joe bleibt auch die Frage ungeklärt, mit wem er eigentlich redet, kommuniziert er ›durch‹ Pflanzen mit anderen Systemen, spricht der Baum oder reflektieren die Pflanzen seine eigenen Energien?

Die Wörter vom Computerprogramm hat er selbst ausgesucht, aber er hat keinen Zweifel daran, daß jeder andere zwangsläufig eine ähnliche Wortliste zusammengestellt hätte. Nur zögernd berichtet er uns von einigen Erlebnissen, die er mit seinen Pflanzen hatte: »Eines Abends hörte ich wieder einmal meiner Dieffenbachie zu, sie stand damals genau neben dem Computer im Schlafzimmer. Ich mußte etwas an den Elektroden verändern. Im Verlauf dieser Arbeiten nahm ich eine Elektrode in den Mund. Einige Sekunden später sagte die Pflanze ›Mensch schmeckt gut‹, tatsächlich, Mensch schmeckt gut! Solche Dinge zeigen mir, daß ich nicht der größte Idiot des Jahrhunderts bin, sondern hier wirklich auf der Spur von etwas bin, das um uns herum vorgeht.« Nachdem die Dieffenbachie ›Mensch schmeckt gut‹ gesagt hatte, stellte Joe seinen Computer tagelang nicht mehr an.

Als wir ihn am nächsten Tag wieder zu Hause besuchen, bitten wir ihn, doch einmal mit einer Topfpflanze statt des Aprikosenbaums zu experimentieren. Isla, seine Frau, protestiert heftig, wir sollen ihre Pflanzen in Ruhe lassen und keine Elektroden in Stengel und Blätter stecken. Mit den Versuchen ihres Mannes hat sie – auch – schlechte Erfahrungen gemacht, das mehrfache Anbringen von Elektroden haben einige nicht überlebt. Wir ziehen die Köpfe bei dem Gedanken ein, den Hausfrieden durch unsere Bitte nach neuen Versuchen zu stören und fahren zum Supermarkt um die Ecke, um mit Joe zusammen neue Pflanzen auszusuchen. Das hat auch den Vorteil, daß diese Blumen Joe und das Haus noch nicht ›kennen‹ – mal sehen, was die erzählen. Nach langem Hin und Her einigen wir uns auf zwei Dieffenbachien, die beide etwa einen halben Meter groß sind. Wegen ihrer großen, kräftigen Blätter eignen sie sich für die Versuche besonders, ihre Stengel sind stark genug, Joes Elektroden ›auszuhalten‹. Die Blätter sind hellgrün-weiß meliert.

Eine der beiden Dieffenbachien erhält später einen Namen

von uns, ›talking leaves‹, Sprechende Blätter, denn obwohl
Blumen weit weniger kräftige elektromagnetische Signale
senden als Bäume, ›redete‹ sie zu uns:

»Kreuze über den Frieden hinaus,
in dem beinhaltenden Luft Licht,
viele werden besitzen,
in Zufriedenheit lebend,
für Wasser.«

Dies und noch viele andere ›Botschaften‹ teilte sie uns mit,
Rätsel in Bildern, die manchmal verblüffend weise, manchmal überraschend dunkel sind, dem rationalen Verstand entziehen sie sich allemal.

Genügend Gesprächsstoff, mit Joe über Sinn und Unsinn
seiner Kommunikationsversuche bis spät in die Nacht hinein
zu diskutieren. Was bedeutet das Ganze für ihn? Eine Inge-
nieurs-Spielerei, bei der er zu Hause es nicht lassen kann,
hobbymäßig das anzuwenden, womit er sich tagsüber ständig
beschäftigt? Fühlt er sich nicht mehr wohl in einem Raum
ohne Computer, für den er nicht neue Programme entwick-
kelt hat? Er gibt zu, gern zu spielen und zu basteln, mit seinen Computern hat er schon versucht, altägyptische Hiero-
glyphen zu entziffern oder beim Pferderennen zu gewinnen.
Eine eher unangenehme Erinnerung für seine Frau. Wieviel
Geld bei der Gelegenheit verlorenging, blieb Joes Geheimnis
bis heute. Aber die Sache mit den Pflanzen ist etwas anderes
für ihn. Erlebnisse, die er nicht wegrationalisieren kann.

»Was mich am meisten nachdenklich gemacht hat, war die
Sache mit der Meditation. Isla und ich wollten wissen, ob
wir in der Lage wären, Kontakt mit dem Baum aufzunehmen, um einen Austausch von Gedanken und Gefühlen zu
erreichen. Ich hatte den Computer so programmiert, daß auf
dem Bildschirm jede elektrische Spannungsänderung des
Baumes zu sehen war. Es war Nacht, der Baum war ganz
ruhig, das einkommende Signal war praktisch eine ruhige Li-

nie auf dem Monitor. Wir meditierten etwa 20 Minuten und hatten plötzlich beide das Gefühl, das sich etwas ereignete. Wir blickten auf und sahen uns an und wußten, hier passiert etwas, blickten gleichzeitig auf den Bildschirm, in diesem Moment gab es eine dramatische Änderung der Spannung im Magnolienbaum. Die ruhige Linie auf dem Monitor stieg steil an. Oder die Geschichte mit dem Kristall.« Um den Einfluß von Gegenständen auf Pflanzen zu überprüfen, hatte Joe zusätzlich zu den üblichen Elektroden eine neue Elektrode an seiner Dieffenbachie angeschlossen und den Draht der Elektrode an eine leere Blechbüchse angelötet. Dort hinein kamen einzeln alle möglichen Gegenstände, deren Wirkung auf die Pflanze er beobachten wollte. Nie gab es eine besondere Reaktion, außer einmal: »Ein kleiner Junge aus meiner Verwandtschaft hatte einen Kristall geschenkt bekommen. Der war weiß, teils durchsichtig, teils mit weißen Schlieren, die wie Wolkenformationen aussahen. Als ich diesen Kristall in die Blechbüchse legte, gab es sofort eine dramatische Veränderung der Spannung, ganz offensichtlich reagierte die Pflanze heftig auf diesen Kristall. Sie können sich meine Überraschung vorstellen, als der Junge mir erzählte, daß er diesen Kristall von einem Indianer, einem Medizinmann, geschenkt bekommen hatte. Ich muß davon ausgehen, daß meine Pflanze die Kraft, die der Medizinmann dem Kristall zuschrieb, gespürt hatte.« Für den systematisch arbeitenden Ingenieur war klar, was nun zu geschehen hatte. Joe sammelte und kaufte Kristalle, wo immer er sie nur bekommen konnte. Aber niemals stellte er eine ähnliche Spannungsänderung fest, wie bei dem Indianerkristall des kleinen Jungen. Joe: »Ich hatte immer gedacht, daß ein Kristall halt ein Kristall ist. Aber der Kristall des Medizinmanns war etwas Besonderes, er hatte Energien, die die anderen Kristalle nicht hatten, und meine Pflanze hat das gespürt. Nicht nur einmal, ich probierte immer wieder andere Gegenstände aus, keine Reaktion. Aber wenn ich den Indianerkristall nahm, und ich habe das etliche Male gemacht, dann war die starke Reaktion sofort wieder da.«

Joe hatte keine Schwierigkeiten, die Angelegenheit mit uns ›streng wissenschaftlich‹ zu diskutieren. Wir wurden in wenigen Minuten einig, daß eine wissenschaftliche Erklärung dieser Phänomene nicht möglich ist. Dann aber sprachen wir lange über Sinn und Unsinn der wissenschaftlichen Weltbetrachtung. Die große Bedeutung der Naturwissenschaften steht außer Frage, auch die Rolle der Wissenschaften, mit der Aufklärung das ›dunkle‹ Mittelalter zu beenden. Für die Menschen heute gehört es zum Selbstverständnis, nur daran zu glauben, was die Wissenschaft mit wiederholbaren Experimenten oder mit exakten mathematischen Ableitungen beweist. Es ist sicher richtig, daran zu glauben, was die Wissenschaft beweisen kann, aber dies ausschließlich zu tun, ist ein verhängnisvoller Fehler. Das Bild von der Welt, das die Naturwissenschaften uns zeigen, ist wahnwitzig schnellen Änderungen unterworfen. Pro Tag werden weltweit 1000 neue chemische Verbindungen wissenschaftlich beschrieben, die am Tag zuvor der Wissenschaft noch unbekannt waren. Immer wieder erreichen uns Meldungen von Astronomen, die neue Himmelskörper irgendwo im Weltall finden, die Milliarden von Lichtjahren entfernt etliche Millionen größer als unsere Sonne sind. All diese Meldungen zeigen uns nicht nur den rasanten Fortschritt der Wissenschaften, sondern führen uns auch vor Augen, daß die Wissenschaft noch lange nicht alles erfaßt hat. Die Wirklichkeit unserer Welt, ja unseres Universums, ist mit einem großen, dunklen Ballsaal vergleichbar. Die Wissenschaft ist nur der Schein einer Taschenlampe, mit der man durch das Schlüsselloch in den Ballsaal hinein leuchtet. Niemand vermag zu sagen, wie groß, in Prozenten ausgedrückt, der Teil des Ballsaals ist, den das Licht der Taschenlampe erfaßt. Es ist richtig, jenes als wahr anzunehmen, was man im Licht der Lampe sieht, der Kardinalfehler aber wäre, das, was man sieht, mit der ganzen Wirklichkeit zu verwechseln.

›Mensch schmeckt gut‹, sagte Joes Dieffenbachie, und auch das ist eine Wirklichkeit für den Elektronikspezialisten, dessen Lebensgrundlage die Anwendung der exakten Naturwissenschaften ist. Auch die Lyrik des Magnolienbaums ist für ihn eine Wirklichkeit, auch dann, wenn er häufig nicht in der Lage ist zu verstehen, was die Pflanzen sagen. Er weiß, daß niemand sonst weltweit solche Experimente macht, er ist allein, das bedauert er zwar, aber das hindert ihn nicht daran, weiterzumachen und den Pflanzen zuzuhören, denn er ist überzeugt, daß es hier etwas Reelles, noch Unentdecktes gibt. Wie sagte noch der Magnolienbaum?

»Das Buch hinauf,
gegen eine zerstörerische Produktion.
Wen über dagegen,
noch einmal,
sei ungläubig innerhalb des Grunds.
Seite an Seite nach der Tiefe,
in tödlichem Schweigen die Lehre.«

Das Alarmsystem des Waldes

»Fahrt Richtung Kratersee auf der Autobahn, Highway 62, dann seht Ihr kurz vor der Ausfahrt von Prospect ein kleines Schild, ›Canyonville Tiller‹, da kommt Ihr auf so eine Schotterstraße, die heißt ›Trail Creek‹, die müßt Ihr etwa 10 Meilen hoch in die Berge fahren. Verlaßt ja nicht den Trail Creek, da gibt es Hunderte von Schotterwegen, da kennen sich nur die Feuerwehr und die Holzfäller aus. Achtet unbedingt auf die Tafel an der Straße, ›Achtung, Bäume werden gefällt‹. Da dürft Ihr unter keinen Umständen weiterfahren, sonst kriegt Ihr einen Baum aufs Dach! Wenn Ihr so ein Schild seht, steigt aus dem Auto und wartet, bis die Motorsägen abgestellt sind, erst dann hat es einen Sinn, nach John Lass zu rufen. Ich habe John schon über CB-Funk Bescheid gesagt, daß Ihr kommt. Ihr müßt Euch aber verdammt beeilen, es wird nur bis 11 Uhr gefällt!« Abschätzig schaut der Mann auf unseren gemieteten Stadtwagen, schnippt seinem Schäferhund zu, beide steigen auf einen aufgemotzten Kleinlaster, der auf 1 Meter hohen, unglaublich breiten Rädern thront. Als dieser Bulldozerverschnitt losfährt, sehen wir durch die Staubwolken noch die überdimensionierte Aufschrift ›Allradantrieb‹.

Mit einem leichten Druck in der Magengegend ob der Wegbeschreibung samt Gefahr von oben und dem Zeitdruck machen wir uns auf die Suche nach dem ›Trail Creek‹ in den Bergen Oregons. Bei Joe Sanchez hatten wir erlebt, wie die Bäume ›reden‹; daß Bäume Lebewesen sind, ist unbestritten, aber das Geheimnis der Bäume und Pflanzen ist noch längst nicht enträtselt. Praktisch der gesamte amerikanische Bundesstaat Oregon an der Westküste der USA, nördlich von

Kalifornien, lebt vom Holz, also vom Tod der Bäume. Wir wollen einmal – auch wenn es schmerzlich ist – miterleben, wie es ist, wenn ein Baumriese, der noch die Indianerkriege erlebt hat, innerhalb von Minuten von einer Motorsäge umgelegt wird und stirbt. Und wir wollen die Männer kennenlernen, die die Bäume fällen.

Es ist drückend heiß – und noch wärmer wird es uns bei dem Gedanken, daß es in den Wäldern wohl keine Wegweiser geben wird. Die Autobahnausfahrt war nicht zu übersehen, doch dann bereits das erste Problem: Der gute Mann hatte vergessen zu erwähnen, daß es leider zwei Trail-Creek-Straßen gibt, Trail Creek West und Trail Creek Ost. Kein Haus, kein Mensch, nicht mal eine Tankstelle, nur diese wenig Vertrauen erweckenden Schotterstraßen und endlose Wälder, Baumriesen aus alter Zeit, 100, 200 Jahre alt, Wälder, die nicht schöner sein könnten. Keine Zeit auszusteigen und die Natur ohne Motorgeräusche zu erleben, also tief Luft holen, Trail Creek West, wir müssen uns entscheiden, die Zeit drängt.

Immer höher windet sich die Schotterstraße die Berge hinauf, überall Abzweigungen, andere genauso aussehende Schotterwege mit tiefen Spuren von schweren Maschinen. Alle paar Minuten fällt unsere Entscheidung an Gabelungen, welcher Weg wohl vermutlich die Trail-Creek-Straße ist. Nach einer Haarnadelkurve gibt der Berg plötzlich den Blick frei auf schneebedeckte Gipfel, die vielleicht 40 oder 50 Kilometer entfernt sind. Der größte ist der Mount McLoughlin, ein Dreitausender. Nadelbäume haben es in Jahrtausenden geschafft, den Berg halbhoch zu besiedeln, danach kommt nur noch Schnee, der auch im Sommer nicht schmelzen wird. Alles in Oregon hat mit Holz zu tun; sowie man den klimatisierten Flughafen verläßt, riecht es nach frischgeschlagenem Holz und Tannennadeln. Bereits 10 Jahre, nachdem der erste weiße Pelztierjäger Oregon auf dem Landweg von Kalifornien her erreichte, ging die erste Schiffsladung mit Hölzern in den Export, nach China, das war 1833. Riesige Lichtungen sind seither in die Wälder geschlagen, überall an den Bergen um uns herum, die Friedhöfe der Bäume, kilometerweit, inmitten der Wälder.

Wir sind schon mehr als 15 Kilometer den Berg hinaufgefahren, keine Spur von dem angekündigten John Lass und seinem Warnschild, daß Bäume gefällt werden. Meilenweit sind wir auch von jeglicher menschlichen Siedlung entfernt, kein Kreischen von Motorsägen, die Angst, es nicht rechtzeitig zu schaffen, weicht der unguten Befürchtung, was passiert, wenn unser staubbedeckter Wagen nicht durchhält.

Am Rand des Weges steht plötzlich der vermutlich älteste und verbeulteste Kleinlaster Oregons – leer. Wir halten an, kein Mensch weit und breit, Motor abstellen, nur der Wind in den Bäumen. Wir rufen nach John Lass in den Wald hinein, nicht mal ein Echo ist zu hören. Also schnell weiter. Und dann das abrupte Ende: Der Schotterweg, den wir für unsere ›Trail-Creek-Straße West‹ hielten, endet vor einer imposanten Gruppe von uralten Bäumen. Beim Umkehren werden uns schmerzlich die Vorteile eines Allradantriebs bewußt, und wir haben zur Kenntnis zu nehmen, daß wir uns komplett verfahren haben und der Termin geplatzt ist. Mitten auf der Straße steht urplötzlich der dubiose alte Kleinlaster, der eben noch am Straßenrand geparkt hatte. Ein ziemlich breitschultriger Typ klettert vom Hang herunter auf den Schotterweg und schaut uns schweigend an, als ob wir eine Fata Morgana wären. Er hat uns ja nicht gesehen, als wir vorbeifuhren, und jetzt kommen wir in seinen Augen auf ziemlich magische Weise mit unserem verdreckten Auto aus dem Nichts heraus, nämlich aus einer Sackgasse mitten im Wald. Von der Hoffnung beflügelt, daß er uns den Weg erklären kann, kurbeln wir das Fenster runter und fragen ihn, so als ob wir irgendwo in einer Stadt wären, nach der ›Trail-

Creek-Straße‹. Schweigen. Als wir die Frage wiederholen, bricht aus ihm heraus: »Wo zum Teufel kommt Ihr denn her?« Unsere Antwort, »Germany«, verwirrt ihn endgültig so sehr, daß er fragt: »Was ist das denn?« Wir drücken uns um dieses abendfüllende Thema und erkundigen uns nach John Lass, dem Holzfäller. Den kennt er: »Immer den Berg runter, beim dritten oder vierten Weg links halten, dort fällt er heute mit seinen Leuten.« Bevor er wieder nach Deutschland fragen kann, bitten wir ihn, seinen Truck zur Seite zu fahren. Als wir uns bedanken, verfliegt seine Hoffnung, je das Rätsel zu lösen, von wo zum Teufel wir eigentlich hergekommen sind.

Von hoch oben sieht der Wald wie ein unendlich großes grünes Lebewesen aus, das zusammengewachsen, zu einem Organismus verflochten, die Berge bedeckt, soweit das Auge reicht. Die Lichtungen in der Ferne, die die Holzfäller geschlagen haben, liegen wie offene, gelblich-braune Geschwüre in diesem grünen Lebewesen.

Und dann stehen wir vor so einem Friedhof der Bäume. Kahlschlag. Baumstümpfe wie Grabsteine ohne Inschrift klagen an, die Botschaft von Zerstörung und Tod liegt dumpf und schwer in der Luft. Hier hat ein Massaker stattgefunden, wir stehen mitten auf einem Schlachtfeld, die Leichen, die gefällten Bäume, sind schon weggeschafft. Die Energie der Vernichtung ist niederdrückend. Wir sind nicht in der Lage, das hier nur als die ›Ernte‹ von Rohstofflieferanten zu begreifen. Wir sind nicht nur traurig, weil die Schönheit der großen alten Bäume vernichtet wurde, wir sind betroffen, weil Mitbewohner dieser Erde, die viel älter waren als wir, gestorben sind.

Erst jetzt entdecken wir das angekündigte Warnschild am Wegrand. Wir haben ein ungutes Gefühl, in die Friedhofsstille hinein nach John Lass zu rufen. Oben am Hang kommt ein Mann hinter einem Felsbrocken hervor und ruft schon von weitem: »Der ist nach Hause gefahren, heute fällen wir nicht, der Wind ist zu stark.« Beim Gehen zeigt er mit seinem ausgestreckten Arm auf die Wipfel der Bäume am Rand des Schlachtfelds, die für heute noch davongekommen sind. Wie zum Abschied bewegt der Wind ihre Kronen hin und her. »Bei Wind ist es zu gefährlich, sie zu fällen. Dann machen sie noch mehr, was sie wollen.« Er zündet sich eine Zigarette an. »Sie meinen wohl, Sie können nicht kalkulieren, wie die Bäume fallen?« Er setzt sich auf einen Baumstumpf und zögert mit seiner Antwort – »Ich meine schon, was ich sage. Die machen oft, was sie wollen, und einige haben einen ausgesprochenen Dickschädel, und manchmal sind sie richtig bösartig.« Der Holzfäller, ausgerechnet der Holzfäller, redet von den Bäumen wie von einzelnen Persönlichkeiten. Oft kommt er von dem Gefühl nicht los, daß die Bäume sich an ihm rächen wollen. »Die versuchen immer wieder, uns alles heimzuzahlen. Ich mache meine Arbeit seit vielen Jahren. Der Wald hat ein langes Gedächtnis, besonders für Rache. Da können Sie jeden Holzfäller hier fragen.«

Aberglaube? Seemannsgarn auf Holzfällerart? Diese Bäume erscheinen zu majestätisch für so niedrige Gefühle wie Rache. Die Überzeugung, daß Bäume Gefühle haben und zu den Menschen sprechen, ist so alt wie die Menschheit selbst. Alle Naturvölker verehrten die Bäume, besonders die großen und alten, wie Heilige. Manche leiteten sogar die Herkunft der Menschen aus den Bäumen ab, wie zum Beispiel die Germanen. In den alten Überlieferungen wird erzählt, daß die ersten Menschen aus Baumstämmen stammten, die aus dem Ur-Ozean gewachsen waren. In einigen Überlieferungen zerteilen die Götter diese Baumstämme und daraus entstehen die ersten Menschen, in anderen Überlieferungen spalten die Baumstämme sich selbst und werden so zum ersten Menschenpaar. Drei Asen, germanische Götter, fanden die Menschen dann an einem Strand und nannten sie Ask (Esche) und Embla (Ulme).

Aus den einst heiligen Bäumen sind heute Rohstofflieferanten für Toilettenpapier, Zeitungen und Möbel geworden. In unserer naturwissenschaftlich orientierten Welt werden überall auf der Erde die Wälder mit einer Geschwindigkeit abgeholzt wie noch nie zuvor. Die naturwissenschaftliche Tatsache aber, daß die Wälder die Lunge der Erde sind, wird sehr unwissenschaftlich verdrängt und beiseite geschoben, genauso wie die anderen überlebensnotwendigen Funktionen des Waldes.

Der amerikanische Bundesstaat Oregon ist so groß wie die alte Bundesrepublik, die Hälfte besteht aus Wäldern. Viele Kilometer vom nächsten Haus entfernt, mitten im Wald, lebt Dr. Ed Wagner mit seiner Frau und drei Kindern. Ed ist Physiker von Beruf. In Oregon ist er geboren und aufgewachsen, bis auf seine Studien- und ersten Berufsjahre lebte er immer in ›seinem‹ Wald. Er beschäftigte sich immer mit der Natur um ihn herum, den Pflanzen, Tieren, den Bäumen, den Jahreszeiten.

Bereits in seiner Dissertation an der Universität Tennessee beschäftigte er sich mit Bäumen, genauer mit Messungen der elektrischen Spannungsveränderungen in Bäumen, zersägten Holzstämmen und Pflanzen. Als er nach Oregon zurückkehrte, um sein eigenes Forschungslabor aufzubauen, interessierte ihn vor allem der Einfluß der Schwerkraft auf Bäume. Dabei kam er durch zahllose Messungen zu der Erkenntnis, daß in allen Pflanzen eine nicht elektromagnetische, stehende Welle unbekannter Art existiert. Weil er diese Wellen zuerst in Holz, auf englisch ›wood‹ gefunden hat, nannte er sie ›w-Wellen‹. [1]

Eines Tages machte er eine seltsame Beobachtung. In dem Tal bei Grants Pass, in dem er lebt, trugen im August 1986 plötzlich alle Madronenbäume außergewöhnlich viele Samen. Der süße Duft der Madronenbäume legte sich über das ganze Tal. Auf seinen ausgedehnten Spaziergängen kam Ed zu einem Waldgebiet, wo einige Wochen zuvor die Madronenbäume ›gegürtelt‹ worden waren. Zwischen den Hartholzbäumen, also den in Augen der Holzindustrie nützlichen Bäumen, gelten die Madronenbäume als Unkraut. Deswegen werden sie systematisch bekämpft: Auf einem halben Meter am Stamm werden die Bäume mit Ketten abgeschält, von der Weite her sehen sie aus, als ob sie einen Gürtel tragen würden. Die so behandelten Bäume sind bereits im nächsten Winter, spätestens aber im Frühjahr, tot. Alle diese gegürtelten Bäume blühen noch einmal auf und tragen besonders viele Samen, ein Selbsterhaltungsmechanismus der Natur, den Ed kannte. Warum aber blühten die Madronenbäume in seinem Tal so außergewöhnlich zur selben Zeit, wo doch dort gar keine gegürtelt worden waren?

Zwei Jahre später brannte der Wald in dem Tal, in dem Ed Wagner mit seiner Familie lebt. Das Feuer entstand durch einen Blitz in der Trockenperiode. Bis auf etwa einen Kilometer kam es an sein Haus heran. Da in seinem Tal Madronenbäume nie gegürtelt worden waren, gab es dort viele, die nun alle im Feuer verbrannten. Im nächsten Frühjahr blühten in einer Entfernung bis zu 60 Kilometern alle Madronen auffällig intensiv und trugen wieder außergewöhnlich viele Samen. Ed: »Damals ist mir die Geschichte mit den gegürtelten Bäumen im Nachbartal und den blühenden Madronen bei uns wieder eingefallen. Hatten die Bäume bei uns etwa gewußt, daß Madronen ein Tal weiter gegürtelt worden waren und glaubten deswegen, selbst sterben zu müssen? Gab es darum diese ungewöhnliche Blüte? Und wie erfuhren die Madronenbäume 60 Kilometer weiter, daß bei uns Hunderte verbrannt waren?« Er telefonierte herum, erst mit den Nachbarn, dann in der weiteren Umgebung, vielen war das merkwürdige Verhalten der Madronen aufgefallen. So fand er nach und nach heraus, daß dies alle Madronen in einem Umkreis von 60 Kilometern und zwar in allen Richtungen betraf. Mit dem Auto fuhr er herum, überall dasselbe Bild, tatsächlich zeigten die Madronen in allen Himmelsrichtungen dasselbe Verhalten. Seine ursprünglichen Gedanken, daß die sterbenden Madronen irgendeinen Stoff absondern, der dann vom Wind verweht wird und so die anderen Bäume ›gewarnt‹ werden, mußte er abschreiben. Damals nahm er sich vor, mit Hilfe seiner Meßmethoden der Frage nachzugehen, ob zwischen den Bäumen eine Art Verständigung durch die von ihm entdeckten w-Wellen stattfand, und abzuklären, ob ein Baum, der wie auch immer beschädigt wird, in der Lage ist, den anderen Bäumen mitzuteilen, daß er beschädigt wurde.

»Ja, mit meinen Messungen habe ich Beweise dafür gefunden, daß eine Signalübertragung zwischen den Bäumen stattfindet. Lange habe ich überlegt, wie ich einen Baum so verletzen kann, daß er ein Signal sendet und trotzdem nicht ernsthaft beschädigt wird. Klar, wenn man in Oregon im Wald aufwächst, kommt man dann sehr schnell auf die Idee, zur Axt zu greifen und ein paar Mal unten in den Stamm ›reinzuhauen‹. Die Wunde verheilt sehr schnell. Mit meinem Versuch beweise ich, daß der verletzte Baum ein Signal aussendet, das von anderen Bäumen empfangen wird. Dies kann man nur als Kommunikation von Baum zu Baum bezeichnen, denn das Senden und Empfangen von Signalen ist Kommunikation«, sagt Dr. Ed Wagner und sucht nach den Protokollen seiner letzten Messungen in Bergen von Unterlagen. »Sie können sich selbst überzeugen, diese Messungen können ja wiederholt werden, morgen werden wir ein neues Experiment durchführen.«

Wir sitzen zusammen im Büro seines Laboratoriums. Der Raum hatte früher als Garage gedient und wurde dann mehrfach von ihm umgebaut und erweitert. Bücherregale bis zur Decke hinauf, vollgestopft mit Fachbüchern über Physik, Elektronik, Botanik und Biologie. Undurchschaubar die Berge von Unterlagen und Papierrollen mit Meßergebnissen, überraschenderweise findet Ed dennoch immer sofort, wonach er gerade sucht. Vom Wissenschaftsbetrieb der Universitäten, an denen er bis Mitte der siebziger Jahre Physik unterrichtete, hat er sich nie lösen können. Er arbeitet zwar zu Hause, publiziert aber in Fachzeitschriften und es ist ihm sehr wichtig, wie seine Wissenschaftlerkollegen auf seine Publikationen reagieren. Geradezu fanatisch pocht er auf die Prinzipien der Naturwissenschaften, exakte Angaben über den Aufbau von Versuchen, Kontrolle der Meßanordnung, Reproduzierbarkeit von Experimenten. Seine Frau, Claudia, hilft ihm gelegentlich bei seinen Arbeiten, sie ist Elektrotechnikerin von Beruf und arbeitet in der nahegelegenen Kleinstadt Grants Pass.

Das zweistöckige Wohnhaus ist aus einer Blockhütte der ersten Siedler Oregons entstanden. Es ist umgeben von alten Bäumen, Tannen, Fichten, Madronen, Eichen und Ponderosa-Kiefern, genauso wie das Laboratorium. Man hat nicht das Gefühl, einen Garten zu sehen, sondern fühlt sich eher wie in einem Wald, wo zwei Gebäude dort gebaut worden sind, wo es gerade Platz gab. Durch das Grundstück fließt ein Bach, den hatte Ed schon als Kind gestaut, um mit einem selbstgebauten Wasserrad genügend Elektrizität zum Aufladen seiner Batterien zu erzeugen. Damals gab es noch keinen Strom in der Gegend. Das Wasserrad läuft längst nicht mehr, vor Jahrzehnten wurden Stromleitungen gelegt.

Nicht zu übersehen sind überall die Spuren von Eds Experimenten: In den Bäumen stecken noch die Stahlnägel mit Kabelresten, die er für seine Messungen als Elektroden in die Bäume geschlagen hat. Manche Bäume sind bis zu vier Meter Höhe gespickt mit Elektroden im Abstand von drei Zentimetern. Und wo Elektroden sind, blieben auch die Spuren alter Axthiebe, Wunden in verschiedenen Phasen des Heilungsprozesses. Solche Überbleibsel kann man auch viele Kilometer weit weg vom Haus in Bäumen finden. Das ganze Tal scheint in seine Experimente einbezogen zu sein.

Einen ganzen Tag brauchen Ed und seine Frau, um das Experiment für uns vorzubereiten. Zwei Ponderosa-Kiefern unweit vom Haus werden für die Versuche ausgewählt. Beide Bäume sind etwa zehn bis zwölf Meter hoch und gleich alt. Diese Kiefernart hat zehn bis fünfzehn Zentimeter lange spitze, mittelgrüne Nadeln, die in Büschen auf symmetrisch schräg nach oben zeigenden Ästen wachsen. Die Äste sind relativ weit voneinander entfernt, der Stamm ist schlank und kerzengerade.

Das Unterholz zwischen den beiden Kiefern ist so dicht, daß kein Durchkommen möglich ist. Eine gute Stunde vergeht, bis der Boden zwischen den Bäumen so weit frei ist, daß man die Entfernung messen kann: 13,4 Meter. Ein Tisch kommt unter eine der Kiefern und wird mit elektronischen Geräten vollgepackt. Stundenlang testen Ed und seine Frau alle Verstärker, Meßgeräte und Schreiber. Die Ponderosa-Kiefer, unter der der Tisch steht, wird von ihm zum ›Sendebaum‹ erklärt, etwa fünfzig Zentimeter oberhalb des Bodens bohrt Ed durch die Rinde durch in den Baumstamm ein Loch, in das er einen Stahlnagel als Elektrode einsetzt. Die zweite Elektrode wird anderthalb Meter höher in den Baumstamm eingesetzt. Beide Elektroden verbindet er durch Kabel mit den Meßgeräten. »Es ist wichtig, hier abgeschirmte Kabel zu verwenden«, erklärt er uns, »nur dadurch kann jede elektrische Störung von außerhalb ausgeschlossen werden.«

Auch der andere Baum, der der ›Empfängerbaum‹ sein soll, wird mit zwei Elektroden bestückt, die eine kommt knapp oberhalb der Erde in den Stamm, die andere nach einer halsbrecherischen Kletterpartie von Ed in etwa acht Meter Höhe. Auch diese Elektroden werden per Spezialkabel mit

41

den Meßgeräten verbunden. Ed: »Beide Meßkreise, also der Meßkreis des Sendebaums und der des Empfängerbaums, sind voneinander meßtechnisch getrennt. Für unser Experiment benutze ich einen Doppelschreiber, damit wir die Spannungsänderungen der beiden Meßkreise direkt miteinander vergleichbar auf demselben Papierstreifen sehen können.«

Endlich haben Ed und seine Frau sämtliche Überprüfungen von Geräten und Kabeln beendet, das Experiment kann beginnen.

Ed holt die Axt zum Sendebaum. Erster Hieb, zweiter, dritter, vierter. Vier Axthiebe, schnell hintereinander unten in den Stamm. Unmittelbar nach jedem Axthieb schnellt der Schreiber des Sendebaums in die Höhe. Der Schreiber des Empfängerbaums zeichnet weiter eine ruhige Linie. Gespanntes Warten. Der Schreiber des Sendebaums kommt langsam wieder von der Höhe herunter, nähert sich der ursprünglichen Linie. Etwa zwanzig Sekunden nach dem ersten Axthieb bewegt sich der Schreiber des Empfängerbaums in die Höhe und geht langsam zurück auf seine ursprüngliche Linie. Deutlich sichtbar auf dem Papier: Das Signal mit der Spitze.

Zufrieden rückt Ed seine Baseballmütze zurecht. »Sehen Sie, ich hatte den Schreiber schon eine Stunde vor unserem Versuch laufen lassen. Der Empfängerbaum war die ganze Zeit ruhig, es gab keine Spitze, keinen Ausschlag, nur diese ruhige Linie. Und dann dieses deutliche Signal, das ich bei allen meinen Messungen immer wieder bekommen habe. Und nicht nur das! Je weiter die beiden Bäume voneinander entfernt sind, um so später kommt das Signal vom Empfängerbaum! Niemand kann mir erzählen, daß all das nur Zufälle sind.«

Bis zu einer Entfernung von 34,4 Meter hat Ed bislang die Signalübertragung von Baum zu Baum überprüft. Er geht aber davon aus, daß die gesendeten Signale verletzter Bäume in wesentlich größeren Entfernungen von anderen Bäumen empfangen werden können. Bis heute hat er diese Art der Kommunikation immer nur zwischen Bäumen der gleichen Art gemessen. In Zukunft will er überprüfen, ob ein gesendetes Signal von anderen Baumsorten, ja sogar von allen Pflanzen, empfangen wird. Erste Versuche hat er dazu schon durchgeführt, und er zweifelt lange nicht mehr daran, daß es so ist. Aber, wie Ed uns versichert, die Wissenschaft verlangt die Überprüfung, das bedeutet zahllose weitere Versuche.

Ein Gartentisch mit Holzbänken neben dem Haus, natürlich unter einem Baum. Ed hat seine Meßprotokolle auf dem Tisch ausgebreitet. Wir sitzen zu viert zusammen und diskutieren. Auf unsere Frage, ob es tatsächlich so ist, daß der ganze Wald Bescheid weiß, wenn auch nur ein Baum gefällt wird, antwortet er, wie könnte es auch anders sein, wissenschaftlich: »Wenn wir die stehende w-Welle eines Baums stören, das können Axthiebe, eine Säge oder ein Feuer sein, pflanzt sich diese Wellenstörung in jede Richtung fort und beeinflußt die w-Wellen der anderen Bäume. So funktioniert die Nachrichtenübertragung der Bäume. Ich bin überzeugt, daß alle Pflanzen miteinander kommunizieren«, er zeigt auf die Bäume um uns herum, »während wir hier sitzen, läuft sicher die Kommunikation kreuz und quer um uns herum, und vergessen Sie ja nicht, daß die Tatsache, daß wir diese Kommunikation nicht wahrnehmen, nicht bedeutet, daß sie nicht existiert.« »Hand aufs Herz, weiß der Wald vom ersten Axthieb der Holzfäller an, was los ist?« »Wissen setzt den Verstand voraus. Sagen wir lieber, der ganze Wald empfängt die Nachricht, daß eine Gefahr droht. Die Bäume können nicht weglaufen, aber sie können zum Beispiel den eigenen Stoffwechsel umstellen und die Harze vermehrt produzieren, mit denen sie ihre Wunden verschließen. Ich möchte aber betonen, daß die w-Wellen-Kommunikation nur eine Kommunikationsart ist. Hoffentlich werden in der Zukunft noch andere Wissenschaftler auf dem Gebiet arbeiten, damit wir nach und nach erfahren, wie die Natur kommuniziert. Die Pflanzen kommen entwicklungsgeschichtlich aus dem Meer und haben in Millionen von Jahren den ganzen Planeten erobert. Sie haben sogar die Zusammensetzung der Erdatmosphäre so geändert, daß wir Menschen hier leben können. Und das soll alles ohne Kommunikation passiert sein?«

Der Drachenbaum, der Gedanken lesen kann

San Diego, Kalifornien, USA

Der Vater der modernen Pflanzenkommunikation ist Cleve Backster. Der Drachenbaum, mit dem er seine Entdeckung machte, daß Pflanzen Gedanken und Gefühle von Menschen wahrnehmen und darauf reagieren, ist heute über 25 Jahre alt, drei Meter hoch, ein Baum, der fast ein ganzes Vorzimmer seines jetzigen Büros im Stadtzentrum von San Diego ausfüllt. Seine Sekretärin hatte ihm den Drachenbaum, eine Dracaena massangeana, dereinst geschenkt, »damit endlich auch etwas Grünes ins Büro kommt«. Das war Anfang der sechziger Jahre in New York City. Das ›grüne Geschenk‹ sollte sich als folgenschwer erweisen, Cleve Backsters Leben und das vieler anderer verändern und in die Literatur mit dem sogenannten ›Backster-Effekt‹ eingehen. [2]

Cleve Backster hatte die ganze Nacht in seiner Schule für Lügendetektor-Analysen gearbeitet. Lügendetektoren, offiziell ›Polygraphen‹ genannt, werden in Amerika, anders als z. B. in der Bundesrepublik, Österreich und der Schweiz, vor Gericht zum Entlarven unwahrer Aussagen verwendet. Mit einem Lügendetektor werden im Prinzip elektrische Schwankungen gemessen, die bedingt durch die Änderung der Atemfrequenz, des Blutdrucks und der Hautfeuchtigkeit auftreten. In einer genau festgelegten Abfolge werden einem Verdächtigen Fragen vorgelegt, Fachleute beobachten, bei welchen Fragen der an den Lügendetektor Angeschlossene erregt reagiert, nervös wird oder versucht, etwas zu verheimlichen. Experten können dann anhand der vom Schreiber aufgezeichneten Kurven feststellen, ob die angeschlossene Person die Wahrheit sagt oder lügt.

Cleve Backster hatte nach dem zweiten Weltkrieg die Lügendetektor-Schule des CIA, des amerikanischen Geheimdienstes, begründet und unterrichtete später an seiner eigenen New Yorker Lügendetektor-Schule Polizei- und Sicherheitsbeamte aus aller Welt.

Er hatte gerade für die amerikanische Armee ein neues Lügendetektor-Verfahren entwickelt, als er mitten in der Nacht, oder besser gesagt, in den frühen Morgenstunden des 2. Februars 1966 seinen Drachenbaum im Büro ansah und auf die Idee kam, auch die Pflanze an dieses Gerät anzuschließen, um nachzuschauen, wie lange es dauert, bis das Wasser die Blätter erreicht, wenn er sie gießt. Die Blätter von Drachenbäumen sind groß und fest genug, um durch Elektroden nicht sofort verletzt zu werden. Er erwartete auf dem Schreiber seines Lügendetektors eine Kurve, die einen kleineren elektrischen Widerstand aufzeichnet wegen der besseren Leitfähigkeit, wenn die Pflanze frisch mit Wasser versorgt ist. Zu seiner Überraschung zeigte der Drachenbaum eine völlig andere Reaktion: Auf dem Schreiber erschien exakt die typische Kurve, die er von unzähligen Verhören kannte, wenn Menschen kurzfristig positiv erregt sind. Hatte die Pflanze etwa Gefühle? Zeigte sie ihm, daß sie sich über das frische Wasser ›freute‹? Wie könnte man nachprüfen, ob sein Drachenbaum wirklich Gefühle hat?

Backster überlegte – die heftigsten Reaktionen zeigen Menschen, wenn sie bedroht werden. Also mußte er seine Pflanze bedrohen. Es kam ihm die Idee, das Blatt anzubrennen. In dem Moment, in dem er d a c h t e, ich will das Blatt, an dem die Elektroden angeschlossen sind, anbrennen, reagierte die Pflanze heftig, der Schreiber bewegte sich, zeichnete eine dramatische Kurve auf. Es war alles still im Haus, drei Uhr morgens, er hatte sich nicht bewegt, die Pflanze nicht angefaßt, sondern nur daran gedacht, sie zu verbrennen. Fühlte sich die Pflanze bereits durch seine Gedanken bedroht? Konnte sie diese wahrnehmen? Er ging in ein anderes Zimmer, um Streichhölzer zu holen. Als er zurückkam, hatte der Schreiber wieder eine Angst-Kurve aufgezeichnet, offensichtlich in dem Moment, in dem er sich entschlossen hatte, seine Idee umzusetzen. Er nahm ein Streichholz und begann zögernd das Blatt anzusengen. Der Schreiber zeichnete wieder einen Ausschlag auf, diesmal schwächer. Backster mochte Pflanzen, er wollte seinem Drachenbaum nicht ernstlich ›weh tun‹. Als er dann später nur noch so tat, als ob er das Blatt verbrennen wollte, reagierte die Pflanze überhaupt nicht mehr. Konnte die Pflanze etwa wirklich unterscheiden, ob er sie ernsthaft bedrohen wollte, wie am Anfang des Versuchs, als ihm die Idee gekommen war, das Blatt zu verbrennen, oder ob er, wie jetzt, nur so tat, als ob er sie ansengen würde?

Backster arbeitete die ganze Nacht, immer neue Versuche führte er mit seinem Drachenbaum durch. Als sein Partner am nächsten Morgen zur Arbeit ins Büro kam, hingen die Papiere mit den Aufzeichnungen des Lügendetektors an der Wand. »Wen hast Du denn die ganze Nacht getestet?« fragte er. »Den da«, antwortete Backster und zeigte auf den Drachenbaum. »Du bist verrückt, eine P f l a n z e !?«

›Was, eine Pflanze...?‹ Das sagten in den nächsten Wochen und Jahren immer wieder Menschen, wenn sie von Cleve Backsters Beobachtungen hörten. Er erweiterte sein Labor und begann systematisch mit Pflanzen zu experimentieren.

Das Phänomen, daß Pflanzen auf seine Gefühle reagierten, ja sogar seine Gedanken ›lesen‹ konnten, ließ ihn nie wieder los.

Einige Monate später besuchte ihn eine kanadische Pflanzenphysiologin im Labor, die von seinen Experimenten gehört hatte. Backster schloß bereitwillig eine Pflanze an den Lügendetektor an. Keine Reaktion. Er versuchte es mit einer zweiten, gleiches Ergebnis. Auch die dritte Pflanze reagierte nicht. Er überprüfte all seine Instrumente, alles in Ordnung.

Als auch die sechste Pflanze keine Reaktionen zeigte, kam ihm eine Idee: »Verletzen Sie bei Ihrer Arbeit manchmal Pflanzen?« »Verletzen?« sagte die Pflanzenphysiologin, »mein lieber Freund, ich röste sie in einem Ofen, um ihr Trockengewicht zu bestimmen!« Eine Stunde, nachdem die kanadische Pflanzenphysiologin Backsters Labor verlassen hatte, verhielten die Pflanzen sich wieder ›normal‹, der Schreiber des Lügendetektors zeichnete die üblichen Kurven auf.

Dieses Erlebnis mit der kanadischen Pflanzenphysiologin löste bei Backster eine Art ›Aha-Effekt‹ aus, denn er hatte schon mehrmals zuvor erlebt, daß Pflanzen, am Lügendetektor angeschlossen, überhaupt keine Reaktion zeigten. Er war bisher nicht in der Lage gewesen, eine Erklärung dafür zu finden. Erst die Antwort der Kanadierin, »ich röste sie in einem Ofen«, brachte ihn auf die Idee, daß die Pflanzen gespürt hatten, daß die Frau für sie eine Gefahr bedeutete und sie aus lauter Angst, genau wie manche Menschen, ›in Ohnmacht gefallen‹ waren. Offensichtlich konnten Pflanzen auf Bedrohung verschieden reagieren: mit Angst und Entsetzen, wie er anhand der Kurven auf dem Schreiber seines Lügendetektors beim Versuch mit dem Anbrennen seines Drachenbaums sehen konnte oder – vielleicht wenn die Angst zu groß war – mit einem Ohnmachtsanfall, und es gab überhaupt keine Signale mehr.

Backster war sich bewußt, wie gewagt seine Annahme war. Durch seine ersten Versuche war er zu der Überzeugung gekommen, daß Pflanzen in der Lage sind, Gedanken und Gefühle von Menschen wahrzunehmen. Seine Situation war schwierig, auf der einen Seite konnte und wollte er seine Überzeugung nicht ignorieren, auf der anderen Seite war ihm klar, daß er ein völlig neuartiges Forschungsgebiet betreten hatte. Er hatte auch einen Ruf zu verlieren, er war der führende Lügendetektor-Experte der USA, und ohne seine

Glaubwürdigkeit würden Institutionen wie der CIA und das FBI nicht mehr mit ihm zusammenarbeiten. Er fürchtete um seine Existenz. Aber die Pflanzen ›ließen ihn nicht mehr los‹, er wollte unbedingt weiter experimentieren auf einem Gebiet, wo es keine wissenschaftlichen Grundlagen gab und wo er gezwungen war, in den Augen der ›seriösen‹ Forscher höchst ›unwissenschaftlich‹ mit Annahmen zu arbeiten.

Aus dem Erlebnis mit der kanadischen Pflanzenphysiologin heraus erarbeitete Backster eine Versuchsanordnung, um zu überprüfen, ob Pflanzen tatsächlich in der Lage waren, einen ›Pflanzenmörder‹ zu identifizieren. In einem praktisch leeren Raum hatten zwei etwa gleichgroße Pflanzen derselben Art seit längerer Zeit nebeneinander gestanden. Eine Pflanze wurde an den Lügendetektor angeschlossen. Für das Experiment stellten sich sechs von Backsters Studenten, darunter erfahrene Polizisten, zur Verfügung. Aus einem Hut zogen sie zusammengefaltete Zettel mit Anweisungen für ihre Aufgabe. Ein Student mußte den ›Mörder‹ spielen, die Pflanze, die nicht an den Lügendetektor angeschlossen war, mit den Wurzeln aus dem Topf reißen, auf ihr mit den Füßen herumtrampeln, sie völlig zerstören. Der ›Mörder‹ mußte sein Verbrechen heimlich begehen, weder Backster noch die anderen fünf Studenten kannten seine Identität. Danach führte Backster die Studenten, einen nach dem anderen, dem ›Zeugen der Tat‹, der an den Lügendetektor angeschlossenen, überlebenden Pflanze vor. Tatsächlich ›erkannte‹ diese den Mörder. Sie reagierte auf fünf der Studenten gar nicht, aber jedesmal, wenn der Schuldige sich ihr näherte, reagierte sie heftig, der Schreiber des Lügendetektors verzeichnete deutliche Angstausschläge. Der Pflanzenmörder war eindeutig identifiziert, bei der ›Gegenüberstellung‹ fürchtete sich die Pflanze vor ihm.

Backster war ganz und gar nicht glücklich darüber, daß er bei den Pflanzen-Experimenten immer mit etwas Negativem wie Bedrohung, Angst, Anzünden, Zerstörung arbeiten mußte. Er hatte sowieso schon an dem Negativimage eines Lügendetektor-Experten zu leiden. Seine Aufgabe war es ja, als verlängerter Arm von Polizei und Justiz von Menschen etwas zu erfahren, das sie nicht freiwillig sagen wollen. Er hätte gern mit positiven Gefühlen bei den Pflanzen experimentiert: »Es ist viel schwieriger, bei Pflanzen positive Gefühle mit dem Lügendetektor festzustellen, weil sie sich viel langsamer zeigen und die Ausschläge am Schreiber nicht so scharf und eindeutig sind wie bei den negativen Gefühlen, der Angst, der Frustration, dem Haß. Es tut mir sehr leid, daß ich die Pflanzen bei meinen Versuchen immer wieder schockieren muß.« Genauso wie Dr. Ed Wagner, der das Warnsystem der Bäume mit Hilfe von Axthieben untersucht, blieb Backster – trotz seiner Bedenken – nichts anderes übrig, als die Pflanzen weiter zu schocken.

Er arbeitete Tag und Nacht. Er hatte keine Hobbies mehr, jede freie Minute nutzte er, um die Gefühle der Pflanzen besser kennenzulernen. Die interessantesten Beobachtungen entstanden durch Zufälle, spontan ablaufende Ereignisse im Labor, wo rund um die Uhr mehrere Pflanzen an Lügendetektoren angeschlossen waren und die Schreiber ihre Reaktionen minutiös protokollierten – auch dann, wenn Backster völlig andere Arbeiten im Labor durchführte.

Es waren aber eben immer ›nur‹ Beobachtungen, und Backster kannte die Spielregeln der Wissenschaft: eindeutige Beweise, Versuche, die an jedem anderen Ort der Welt von anderen Forschern mit demselben Ergebnis wiederholt werden können. Wenn jemand Beobachtungen beschreibt, lautet die automatische Antwort der Wissenschaft: Das ist Koinzidenz, d.h. ein zufälliges Zusammentreffen von zwei Ereignissen. Dabei spielt es keine Rolle, wie oft dasselbe beobachtet worden ist. Auch wenn zehn verschiedene Pflanzen gleichzeitig auf dasselbe Ereignis im Labor mit derselben

Kurve reagieren, bedeutet das für die Wissenschaft immer noch ein zufälliges Zusammentreffen von Ereignissen. Nicht zu vergessen, daß in Backsters Arbeiten der ›Faktor Mensch‹ in Form seiner Person eine wichtige Rolle spielt, es ging ja um Gefühle, Gedanken und Absichten, also eher um Psychologie als um Botanik. Bei seinen ›psychobotanischen‹ Experimenten machte Backster immer wieder die Erfahrung, daß es quasi eine Voraussetzung für das Gelingen war, daß er bereits eine ›Beziehung‹ zu der betreffenden Pflanze aufgebaut hatte.

Backster wollte gerade die Wissenschaftler überzeugen. Das war nur möglich, wenn er eine völlig neue Versuchsanordnung entwickelte, bei der der ›Faktor Mensch‹ keine Rolle spielte. Zweieinhalb Jahre und viele tausend Dollars mußte er investieren, bis das neue Konzept und die Versuchsanordnung fertig waren. Der ganze Versuch mußte automatisch ablaufen, und er wollte gleichzeitig noch etwas anderes beweisen, das er bereits mehrfach in seinem Labor beobachtet hatte: Die Pflanzen reagieren nicht nur auf das ›Töten‹ ihrer Artgenossen, sondern auf den Tod überhaupt. Immer wieder beobachtete er die dramatischen Reaktionen seiner Pflanzen auf das Sterben verschiedenster Lebewesen wie Bakterien, menschliche Zellen, Amöben, Pantoffeltierchen und Hefepilzen. Aus praktischen Gründen entschloß er sich, kleine Garnelen, die als Fischfutter für Aquarien überall zu kaufen waren, als ›Opfertiere‹ auszuwählen. Die lebenden Garnelen kamen in kleine Behälter, die einzeln durch eine mechanische Vorrichtung in siedendheißes Wasser gekippt und dadurch getötet wurden. Ein nach dem Zufallsprinzip arbeitender Apparat bestimmte den Zeitpunkt, an dem die Kippvorrichtung ausgelöst wurde. Drei Philodendren wurden neu gekauft, um sicherzustellen, daß vor dem Experiment keine ›Beziehung‹ zwischen den Pflanzen und den Experimentatoren bestand. Die Philodendren, Philodendron cordatum, haben besonders kräftige, zwei bis drei Handflächen große Blätter und kräftige Stengel. Die drei Pflanzen wurden an je einen Lügendetektor angeschlossen. Die Bedingungen des Experiments, wie zum Beispiel Licht und Temperatur für die Pflanzen, die Temperatur des heißen Wassers usw. wurden konstant gehalten. Backster und seine Mitarbeiter waren während des gesamten Experiments nicht anwesend.

Das Ergebnis des Garnelen-Philodendren-Versuchs war für Backster überzeugend: Die Pflanzen reagierten, wenn auch mit einer geringen Fehlerquote, deutlich und synchron auf den Tod der Garnelen im heißen Wasser. In seiner 1968 publizierten Studie mit dem Titel ›Nachweis des primären Wahrnehmungsvermögens bei Pflanzen‹[3] zog Backster das wissenschaftliche Fazit: »Bei Pflanzen wurde eine bislang noch nicht definierte Form der primären Wahrnehmung nachgewiesen; die Vernichtung tierischen Lebens kann als Auslöser dienen, um diese Fähigkeit zu zeigen. Der Versuch zeigt, daß Pflanzen dieses Wahrnehmungsvermögen unabhängig von jeglicher menschlichen Beteiligung einsetzen können.«

Das Echo auf diese Publikation war enorm. Etwa 7 000 Personen forderten Sonderdrucke der Backster-Publikation an. Studenten und Wissenschaftler von über 20 amerikanischen Universitäten planten, seinen Versuch zu wiederholen. Unzählige Personen, darunter auch viele Wissenschaftler, besuchten ihn in seinem New Yorker Labor. Viele blieben einige Tage, um bei seinen Experimenten zuzuschauen. Es gab begeisterte Briefe, Backster wurde zu Fernsehshows eingeladen, Interviews, Medienrummel. Die Aufregung war verständlich, wenn die Wissenschaft seine Ergebnisse anerkennen würde, müßte sie gleichzeitig ein ganzes Weltbild beerdigen. Viele Gebiete, nicht nur im Bereich Botanik, müßten neu beurteilt und völlig neu geschrieben werden.

Statt Anerkennung kam es zu heftigen Kontroversen. Backster wurde zu Diskussionsveranstaltungen eingeladen, und jedesmal schien es so, als ob er und die Wissenschaftler nicht dieselbe Sprache sprechen würden. Jahre später erschienen dann Veröffentlichungen der Wissenschaftler, die Backsters Versuche mit ausschließlich negativem Ergebnis wiederholt haben.[4]

Eine der Personen, der es gelang, einige von Backsters Pflanzen-Experimenten zu wiederholen und weiterzuentwickeln, war der IBM-Chemiker Marcel Vogel. Er führte in Workshops, öffentlichen Vorträgen und sogar live im Fernsehen vor, wie Pflanzen es im voraus fühlen, wenn man ihnen Blätter abreißen will, wie sie – nach dem Backsterschen Prinzip angeschlossen an Meßinstrumente – dramatische Reaktionen zeigen, wenn sie verbrannt oder mit den Wurzeln aus ihrem Topf gerissen werden sollen. Vogel versetzte sich ›in die Pflanzen hinein‹, mit heutiger Terminologie würde man wohl sagen, er hat sich in die Pflanzen ›hineingetuned‹, und lernte sie kennen: Die Pflanzen hatten eigene Persönlichkeiten und Charaktereigenschaften, einige reagierten temperamentvoll, andere langsam und zögernd. Die Welt der Pflanzen schien aus Individuen zu bestehen, ihre Individualität erstreckte sich sogar bis hin zu einzelnen Blättern. Wie die Blätter derselben Pflanze bei genauerer Betrachtung unterschiedlich aussahen – verschieden groß, alt, dick, gesund –, so waren auch ihre ›Wesenszüge‹ unterschiedlich ausgeprägt. Nach Hunderten von Experimenten, an denen auch Fernsehteams, Wissenschaftler und immer wieder Kinder beteiligt waren, kam Marcel Vogel zu dem Schluß, daß besonders Wissenschaftler seine Versuche nicht wiederholen konnten, weil es ihnen aufgrund ihrer Ausbildung und wissenschaftlichen Vorgehensweise völlig fremd war, sich in Pflanzen – als essentieller Bestandteil der Versuche – hineinzufühlen. Die Erlebnisse mit Kindern brachten ihn auf diese

Spur, denn sie waren am aufgeschlossensten und gingen unvoreingenommen daran, Pflanzen kennenzulernen. »Hunderte von Forschern in ihren Laboratorien in aller Welt werden enttäuscht und frustriert sein«, meinte Vogel, »bis sie begreifen, daß der Schlüssel die gegenseitige Einfühlung (Empathie) zwischen Pflanze und Mensch ist, und bis sie gelernt haben, wie sie diese herbeiführen können. Keine noch so große Zahl von Überprüfungen in Laboratorien wird irgendetwas beweisen, bis die Versuche nicht von richtig ausgebildeten Beobachtern durchgeführt werden. Eine spirituelle Entwicklung ist unumgänglich. Aber dies verstößt gegen die Prinzipien und Überzeugungen vieler Wissenschaftler, die sich nicht darüber im klaren sind, daß schöpferisches Experimentieren bedeutet, daß die Experimentatoren Teil ihres Versuchs werden müssen.«[5] Nach Details gefragt, beschrieb Vogel den Vorgang so: Zuerst stellt er die Wahrnehmungsreaktionen seiner Körperorgane ruhig. Dann wird er sich seiner energetischen Verbindung zwischen sich und der Pflanze bewußt. Wenn ein Gleichgewicht zwischen ihrem bioelektrischen Potential und seinem eigenen eingetreten ist, wird die Pflanze unempfindlich gegen Lärm, Temperatur, die normalen elektrischen Felder in ihrer Umgebung und gegenüber anderen Pflanzen. Sie reagiert ausschließlich auf Vogel, der sich erfolgreich auf sie eingestellt hat.[6] Marcel Vogel hatte ein langes Yogatraining hinter sich, er war auch in anderen Meditationstechniken ausgebildet und interessierte sich besonders für Hypnose. Diese spirituelle Ausbildung ermöglichte es ihm, so seine eigene Erklärung, sich besonders konzentriert in seine Pflanzen ›hineinzuversetzen‹ und mit ihnen zu kommunizieren. Etwa zur selben Zeit stießen Cleve Backster, der Lügendetektor-Experte, und Marcel Vogel, Forschungschemiker des IBM-Konzerns, auf das Werk von Sir Jagadis Chandra Bose, eines Pioniers der Pflanzenforschung aus Indien. Seine Forschungsarbeiten sind bis heute im Westen praktisch unbekannt, in Indien gilt er als einer der berühmtesten Wissenschaftler des frühen zwanzigsten Jahrhunderts, der Physiker, Physiologe und Psychologe in einer Person war. Bose hatte schon 1902, also sechs Jahrzehnte, bevor Backster und Vogel ihre erste Pflanze an Meßinstrumente anschlossen, mit den elektrischen Feldern von Pflanzen experimentiert, bioelektrische Pflanzenreaktionen auf unterschiedlichste externe Reize nachgewiesen und eigene Apparate gebaut. Als Jagadis Chandra Bose sein Buch ›Reaktionen vom Lebendigen und Nicht-Lebendigen‹ und seine Experimente in der britischen Akademie der Wissenschaften präsentierte, löste er dort hitzige Debatten aus. Eine der wichtigsten Erkenntnisse des indischen Gelehrten war, daß Pflanzen eine Art ›Reizleitungssystem‹, vergleichbar mit dem Nervensystem von Menschen und Tieren, besitzen. Eine Erklärung, die Backster zum Verständnis seiner eigenen Versuche lange gefehlt hatte, obwohl er etwas Ähnliches angenommen hatte seit der Nacht, in der er das erste Mal seinen Drachenbaum an einen Lügendetektor angeschlossen hatte.

Heute hat Cleve Backster seine Lügendetektor-Schule und sein Labor in einem Bürogebäude im Stadtzentrum von San Diego, Kalifornien. Am Telefon bat er uns, ihn nach Büroschluß zu besuchen. »Abends nach sechs ist das ganze Haus geschlossen. Klingeln gibt es nicht. Klopft einfach mit einem Schlüssel an die Glastür vom Haupteingang, ich werde euch schon hören. Es dauert dann noch ein paar Minuten, bis ich unten bin.« Wir haben uns zwar sehr gewundert, wie das funktionieren sollte, aber es hat geklappt. Als wir mit dem Lift im sechsten Stock ankamen und in sein Labor gingen, wurde auch klar, warum: Backster ist zur Zeit der Nachtwächter des Bürokomplexes, die Videokameras, mit denen er früher seine Versuche dokumentierte, sind jetzt unten in der Eingangshalle montiert, damit er oben im Labor auf

mehreren Bildschirmen den Haupteingang und die Empfangshalle ständig beobachten kann. Dem heute 67jährigen
geht es finanziell nicht gut, er war gezwungen, den Nebenjob anzunehmen, um die Miete für sein Labor weiter zahlen
zu können. 1800 Dollar pro Monat kostet ihn der Luxus, das
ausgezeichnet eingerichtete Labor mit allen Geräten, die für
Pflanzenexperimente notwendig sind, zu erhalten. Alles ist
aufgeräumt, ein bißchen angestaubt, seit Jahren wurden hier
keine Versuche mehr gemacht. Er bringt es nicht übers
Herz, sein Labor aufzugeben.

Auf einem alten Polstersessel, dessen durchgedrückte Sitzfläche er mit einer karierten Wolldecke wieder bequem gemacht hat, nimmt er Platz, mit einem Auge stets den Bildschirm mit der starren Einstellung von der Eingangshalle im
Blick. Cleve Backster ist heute ein gebrochener Mann. Lebendig wird er, wenn er von den lang zurückliegenden Versuchen erzählt. Seine Verbitterung aber kommt immer wieder durch, der Kampf mit den Wissenschaftlern hat seinen
Lebensnerv getroffen. »Die etablierten Wissenschaftler haben nie verstanden, oder besser gesagt, sie wollten nie zur
Kenntnis nehmen, daß die Pflanzen in der Lage sind, das
menschliche Bewußtsein zu erfühlen. Ist dieses Bewußtsein
von vornherein ablehnend und negativ dem Experiment, den
Pflanzen gegenüber, dann kann man schon alles vergessen.
Die Pflanzen fühlen das ja und machen einfach nicht mit.
Pflanzen sind Lebewesen, richtige Persönlichkeiten, was
kann ich denn dafür, daß die Wissenschaftler zehnmal hintereinander dasselbe Experiment wiederholen wollen und
dabei zehnmal dasselbe Ergebnis sehen wollen. Es ist nicht
mein Problem, daß die Pflanzen dabei nicht mitmachen. Ich
habe einen großen Verbündeten, das ist die Natur selbst.«
Selbstsichere Worte, doch das ist nur die halbe Wahrheit.
Die andere Hälfte der Wahrheit ist an seinem Gesicht abzulesen: Er hat sich in die Rolle des Don Quichotte hinein

drängen lassen und einen Kampf verloren, der nie zu gewinnen war. Die Schulwissenschaft ist nur dann bereit, etwas Neues anzuerkennen, wenn die Beweisführung streng nach ihren Regeln und Ritualen geführt worden ist. Backsters Dilemma war also von Anfang an vorgezeichnet und besteht aus drei Teilen:

Die erste, grundlegende Voraussetzung für Pflanzenexperimente, nämlich, daß der Experimentator entweder bereits eine persönliche Beziehung zu seiner Pflanze hat, oder, daß er gewillt und in der Lage ist, sich in die Pflanze hineinzufühlen, wird von der Schulwissenschaft als etwas Irreales oder gar Esoterisches abgelehnt und bei den Experimenten selbstverständlich nicht berücksichtigt.

Teil zwei des Dilemmas ist, daß die Wissenschaft bei Pflanzen keine Organe, wie ein komplexes Nervensystem oder gar eine Art Gehirn kennt, also muß sie ›Bewußtsein‹ und ›Gefühlsregungen‹ von Pflanzen von vornherein ablehnen.

Das dritte Problem ist die Zuordnung elektromagnetischer Spannungsänderungen in der Versuchspflanze zu bestimmten Gefühlen und Gedanken einer Person. Die Wissenschaft erkennt an, daß Menschen Gefühle und Gedanken haben. Sie erkennt auch an, daß Spannungsänderungen in Pflanzen meßbar, also vorhanden sind. Solange sie aber keine wissenschaftliche Erklärung für die Übertragbarkeit dieser Gefühle und Gedanken auf die Pflanze hat, wird sie bei jedem gelungenen Versuch sagen, daß es ein Zufall war, daß die Spannungsänderung in dem Augenblick registriert wurde, wo der Mensch seine Gedanken oder Gefühle hatte.

Backsters zusätzliches ›Pech‹ war, daß er, historisch betrachtet, mit seinen Experimenten in die turbulenten sechziger Jahre geraten war: Ausgerechnet 1968, als die Studentenrevolte von Berkeley auf alle amerikanischen Universitäten übergesprungen war, jeder, der nur sehen wollte, bereits das Desaster des Vietnam-Krieges vor Augen hatte, die Hippies, die sogenannten ›Blumenkinder‹, die Moral und die gesell-schaftlichen Normen der USA ad absurdum führten, er-schien seine Publikation über das Wahrnehmungsvermögen der Pflanzen. Die Wissenschaftler hatten damals alle Hände voll zu tun, ihre Labors zu erreichen, ohne mit Eiern und Farbbeuteln beworfen zu werden. Erst als der Zeitgeist Mitte der siebziger Jahre in Amerika längst Richtung Kon-servativismus, Wissenschaftsgläubigkeit und traditionelles Fortschrittsdenken zurückgependelt war, hatten die Wissen-schaftler wieder Zeit und Lust, Backster und seine Experi-mente ›wissenschaftlich‹ in der Luft zu zerreißen.

»Damals ist die Hetze gegen mich sogar im Gerichtssaal los-gegangen«, sagt Backster und wirft einen kurzen Blick auf das immer gleiche Monitor-Bild von der leeren Eingangs-halle. »Als Lügendetektor-Experte muß ich ja immer wieder den Anwälten vor Gericht Rede und Antwort stehen. Bis heute versuchen die Anwälte der Gegenpartei mich lächer-lich zu machen, meine Glaubwürdigkeit zu untergraben, in-dem sie mich mehr zur Pflanzenkommunikation befragen als zum aktuellen Fall. So quasi, als ob man einem, der an die Gefühle der Pflanzen glaubt, überhaupt nichts glauben kann, weil er ja verrückt sein muß.« Nach den ersten Vorfäl-len dieser Art, die ihn unglaublich aufgeregt und verbittert hatten, legte er sich Standardantworten zu, mit denen er vor Gericht so kontern konnte, daß er die Lacher auf seiner Seite hatte. Er hat lernen müssen, mit diesem Problem zu leben, und erzählt uns mit Genugtuung, daß sein Ansehen als Lü-gendetektor-Experte noch nie so groß war wie heute.

Sein erstes Labor in San Diego lag mitten im betriebsamen Hafenviertel, ein Viertel, das auch nachts nicht zur Ruhe kam. Wo tagsüber alles von der Arbeit, den Werften, dem Ein- und Ausladen der Schiffe bestimmt wird, ging es in der Nacht weiter, der Hafen schlief nie. Nachts beherrschten die Amüsierbetriebe den Hafen, Kneipen, Sex- und Videoshops und überall Matrosen und Hafenarbeiter auf der Suche nach ›Entspannung‹. Damals arbeitete Cleve Backster vor allem in seiner Freizeit, in den Abend- und Nachtstunden mit den Pflanzen, tagsüber hatte er mit seiner Lügendetektor-Schule Geld zu verdienen. Seine Pflanzenexperimente kamen ins Stocken, immer wieder hatte er heftige Ausschläge auf seinem Schreiber, die er nicht einordnen konnte, die Pflanzen schienen nie zur Ruhe zu kommen. Backster vermutete, daß dies irgendwie mit der Betriebsamkeit des Hafenviertels zusammenhing. Aber wie? Womit genau?

Immer häufiger ging er zum Fenster, wenn seine Pflanzen wieder – wie er sagt – ›verrückt spielten‹, um nachzusehen, was draußen los war. Minutenlang blieb er am Fenster und grübelte. Dabei fiel ihm das rege Treiben im Haus unmittelbar neben seinem Labor auf, Seeleute gingen ein und aus. Er entschloß sich am nächsten Abend, selbst dorthin zu gehen. Die ›Seemannskneipe‹ entpuppte sich als Bordell, eines der populärsten im Hafen, wie er dann von Bekannten erfuhr. Er dachte nach, sein altes Labor in New York hatte auch nicht gerade in einer ruhigen Gegend gelegen, und Manhattan kam auch nie ganz zum Schlafen. Nur hier gab es direkt nebenan dieses Bordell. Wußten etwa die Pflanzen, was im Nebenhaus lief, reagierten sie etwa auf Sex? In der nächsten Nacht ging er sofort ans Fenster, als wieder einmal ein besonders heftiger Ausschlag von den Pflanzen kam. »Klar, ein paar Minuten später kam wieder ein beglückter Seemann aus dem Bordell«, er lächelt verschmitzt, »in aktiven Schlafzimmern finden Sie niemals kranke Pflanzen. Auf Sex reagieren sie sehr stark, auf alle Fortpflanzungsaktivitäten stimmen sie sich ganz besonders ein.« Auf unsere Fragen, wie er denn diesbezüglich sicher sein kann und ob er denn Selbstversuche dazu gemacht hat, verweigert er lachend die Aussage mit dem Rat, diesen Teil der Experimente müsse jeder wirklich für sich selber durchführen.

Wie stark Pflanzen auf Sex reagieren, hatte auch Marcel Vogel, der IBM-Chemiker entdeckt: Als er eine Gruppe skeptischer Psychologen, Ärzte und Computerprogrammierer bei sich zu Besuch hatte, bat er sie, seine Meßinstrumente und andere Apparate auf versteckte Zusatzgeräte und Tricks hin zu untersuchen, die ihrer Meinung nach unbedingt vorhanden sein mußten. Danach forderte er sie auf, sich in einem Kreis hinzusetzen und sich miteinander zu unterhalten, um zu sehen, wie und worauf die Pflanze reagieren würde. Eine Stunde sprach die Gruppe über verschiedenste Themen, ohne daß die Pflanze merklich reagiert hätte. Sie wollten das Ganze schon als Schwindel erklären, als einer sagte: »Wir könnten noch über Sex reden.« Zu ihrer aller Überraschung wurde die Pflanze da plötzlich aktiv, die Feder des Schreibers hüpfte wild auf dem Papierstreifen hin und her. Diese Beobachtung ließ einige vermuten, daß ein Gespräch über Sex möglicherweise in der Atmosphäre eine Art sexueller Energie freisetzt – vergleichbar der von Wilhelm Reich entdeckten Orgonenergie und daß die alten Fruchtbarkeitsriten, bei denen auf frisch gesäten Feldern Geschlechtsverkehr ausgeübt wurde, tatsächlich die Pflanzen zum Wachstum angeregt haben könnten.[6] Naturvölker hatten eine ganze Palette von Fruchtbarkeits ›zaubern‹, die Schamanen waren wohl doch nicht so naiv, wie wir immer annehmen.... Cleve Backster: »Bei uns gibt es heute noch so einen Tag, wo auf dem Land die jungen Männer die Mädchen so lange herumjagen, bis einer eines fängt, wenn er sie gefangen hat, gehen sie zusammen ins Feld. Na ja, ich konnte jedenfalls in dem Labor nicht unter kontrollierten Bedingungen arbeiten und bin dann hierher gezogen.«
Als wir ihn fragen, welche Experimente er heute machen würde, wenn er das Geld dazu hätte, fällt er uns ins Wort: »Reden Sie bloß nicht von Experimenten. Dann habe ich die ganzen Wissenschaftler wieder am Hals! Ich mache hoch-

qualifizierte Beobachtungen, dagegen können sie nichts einwenden. Ich halte die Langzeitbeobachtungen von Pflanzen für wichtig, ich hoffe, daß ich dann das Ganze besser verstehe, wie zum Beispiel die Tatsache, daß die Kommunikation mit Pflanzen entfernungsunabhängig funktioniert.« Er fragt uns, ob wir schon die Erfahrung gemacht hätten, daß unsere Pflanzen zu Hause nach der Rückkehr von einer Reise die Köpfe hängen ließen und halbtot waren, auch dann, wenn die Nachbarin die Pflanzen richtig gegossen hat? »Sie sollten darüber nicht erstaunt sein. Wenn Sie eine gute Beziehung zu Ihren Pflanzen haben, dann sind sie auf Sie eingestimmt. Ich empfehle Ihnen, ein Foto Ihrer Pflanzen mit auf Reisen zu nehmen und zwei oder drei Mal pro Tag das Bild anzuschauen und intensiv an sie zu denken. Die Pflanzen freuen sich über Ihre Gedanken, als ob Sie bei ihnen wären. Und wenn Sie dann zurück sind, werden Sie feststellen, daß es den Pflanzen gut geht, so als ob Sie nie weggewesen wären. Über Ihre Gedanken waren Sie ja mit ihnen verbunden. Probieren Sie das nur aus, Sie werden sehen, es funktioniert!«

Kapitel II: Erste Schritte im Elfenbeinturm

Pflanzen reden Chemisch

Seattle, Washington State, USA – Hanover, New Hampshire, USA – Pullman, Washington State, USA – Pretoria, Südafrika – Santa Barbara, Kalifornien, USA

›Azoikum‹, das heißt ›die Zeit ohne Leben‹, so pflegte man bisher den Anfang der Urzeit auf unserem Planeten vor drei bis fünf Milliarden Jahren zu nennen. Das Klima war noch entfesselt, unvorstellbar gewalttätig, ein Inferno von Stürmen, Urgewittern und sintflutartigen Regenfällen, die langsam begannen, die Erdoberfläche abzukühlen. Die Klimamaschine der Erde hatte noch kein Gleichgewicht gefunden, das eine Besiedelung des Festlands ermöglichte. In der Gashülle der Erde gab es den lebensnotwendigen Sauerstoff kaum, dafür war sie reich an Kohlendioxid. Aus Erdspalten und Vulkanen wurden Feuer- und Dampfsäulen in die Luft geschleudert, Gasblasen stiegen aus dem Erdinnern hoch und zerplatzten im kochenden Gestein der Erdoberfläche. Und dennoch wurden bereits aus dieser Zeit, der Zeit des Infernos, Mikrolebewesen nachgewiesen – Wissenschaftler vermuten, daß es sich um die Überreste der ersten Algen und Bakterien handelt. Die ersten einzelligen Lebewesen, die frühen Vorläufer der Grünpflanzen, am ehesten vergleichbar mit blaugrünen Algen, entstanden im Urozean und begannen mit der Produktion von Sauerstoff. So gelangten die ersten Spuren von Sauerstoff in die Atmosphäre. Als dann die Erdatmosphäre ein Prozent ihres heutigen Sauerstoffgehalts hatte, war der Weg frei für Algen an der Wasseroberfläche des Urozeans. Bereits diese geringe Sauerstoffmenge reichte aus, um die lebensvernichtende Kraft der ultravioletten Sonnenstrahlen zu brechen. Es waren unscheinbare Pflanzen, die als Stoffwechselprodukt der Photosynthese den Sauerstoff produzierten, der das vielfältige Leben auf der Erde erst möglich machte.

Vor diesem Hintergrund haben die Schöpfungsmythen der Germanen plötzlich auch naturwissenschaftlich betrachtet einen Sinn, vorausgesetzt, man ist bereit, in Bildern zu denken: ›Bäume‹, aus dem Urozean gewachsen, ›teilen‹ sich, daraus ›entsteht‹ das erste menschliche Leben, folgerichtig finden die Götter die ersten beiden Menschen am Strand, also an ›Land‹, und die Asen, die Götter, schenken ihnen Seele und Leben. Dies sind archetypische Vorstellungen, Reste unseres Bewußtseins, aus dem Meer ›gekommen‹ zu sein.

Vor 440 Millionen Jahren begannen die ersten Pflanzen zuerst zaghaft die Kontinente zu besiedeln, um dann auf einem Siegeszug ohnegleichen die Erde zu erobern. Weniger als 100 Millionen Jahre später gab es riesige Farn- und Schachtelhalmwälder und sogar schon Nadelbäume. Als die Saurier in der Kreidezeit ausstarben, dominierten die Nadelbäume bereits, Blütenpflanzen besiedelten das Land, die große Zeit der Laubbäume sollte als nächstes anbrechen. Die Gräser, Blumen und Bäume formten die Erde und prägen ihr Gesicht, bis heute. »Und das«, so fragte der ehemalige Atomwaffenbauer Joe Sanchez mit dem redseligen Magnolienbaum, »das alles soll ohne Kommunikation gelaufen sein?«

Die unschuldig gestellte Frage birgt für die Wissenschaft mehr an Provokation als zunächst anzunehmen ist.

1983 berichteten zwei Wissenschaftler von der Universität Seattle im Nordwesten der Vereinigten Staaten der erstaunten Weltöffentlichkeit von ihrer Entdeckung: Bäume können miteinander über chemische Botenstoffe kommunizieren. Werden die Blätter eines Baumes, wodurch auch immer, zum Beispiel durch Insektenbefall oder weidende Tiere, beschädigt, veranlaßt der ›verletzte‹ Baum mit Hilfe von chemischen Signalstoffen die Bäume in seiner Umgebung, sofort entsprechende Abwehrstoffe zu produzieren. Der Öffentlichkeit waren die aufsehenerregenden Versuche von Cleve Backster und Marcel Vogel noch in frischer Erinnerung, nun gab es plötzlich auch Hinweise aus der ›harten‹ Wissenschaft über ein Alarmsystem von Pflanzen, Baum-zu-Baum-Gespräche als Reaktion auf die Verletzung von Blättern eines Baumes. Die beiden Wissenschaftler, Dr. David Rhoades und Dr. Gordon Orians, hatten ursprünglich nie vorgehabt, sich mit Pflanzenkommunikation zu beschäftigen. Als Ökologen und Chemiker waren sie mit Versuchen in den Wäldern in der Umgebung von Seattle beschäftigt. Sie wußten, daß etwa alle zehn Jahre ungeheure Mengen von Schädlingen über die Bäume herfielen, ihre Blätter zerfraßen und dann wieder verschwanden, obwohl die Bäume nach wie vor frische Blätter hatten, Bäume der gleichen Art in der näheren Umgebung ebenfalls. Sie gingen der Frage nach, warum diese Insekten nach einem massiven Angriff auf Birken- und Weidenbäume nach und nach starben, anscheinend verhungerten, um dann, in regelmäßigen Zyklen von etwa 10 Jahren, in ähnlich großer Zahl wieder aufzutreten. Laboruntersuchungen bestätigten, daß die Bäume sich gegen die Insekten wehrten, indem sie die chemische Zusammensetzung ihrer Blätter so änderten, daß sie schlechter ›schmeckten‹ und gleichzeitig weniger nahrhaft waren. Offensichtlich waren die Bäume in der Lage, die Proteinzusammensetzung der Blätter umzustellen, damit die Blätter für die Schädlinge unverdaulich wurden und die Insekten sozusagen ›mitten auf dem gedeckten Tisch‹ an Proteinmangel zugrunde gingen. Dr. Rhoades: »Die Insekten fingen an schwach und anfällig zu werden, plötzlich konnten sie die Kälte in der Nacht nicht mehr aushalten oder hatten keine Widerstandskraft mehr gegenüber banalen Bakterien, die sie normalerweise mit Leichtigkeit abwehren konnten.« Eine bemerkenswerte Entdeckung, während Tiere und Menschen vor Gefahren davonlaufen können, hatte die Natur den Pflanzen einen eigenen Mechanismus eingerichtet, womit sie sich – an Ort und Stelle stehenbleibend – ebenfalls ihren Freßfeinden ›entziehen‹ können.

Dieses Phänomen erscheint zwar bereits erstaunlich genug, ist aber von zahlreichen Pflanzen so oder ähnlich bekannt. Von den Lupinen, den beliebten vielfarbigen Pflanzen in unseren Gärten, weiß man zum Beispiel, daß sie aktiv Giftstoffe produzieren können, um nicht nur Blattläuse zu vertreiben, sondern auch andere pflanzenfressende Tiere, Raupen, Heuschrecken, Ziegen, Schafe, ›auf Distanz‹ zu halten. Der Trick der Lupinen besteht darin, daß sie ihre chemischen Waffen nur in geringen Mengen vorrätig halten und erst dann die Produktion hochfahren, wenn ihre Freßfeinde die ersten Blätter angeknabbert haben. Mit steigender Giftkonzentration in der Pflanze vergeht denen dann der Appetit.

Die beiden Wissenschaftler aus Seattle wollten ihre Entdeckung vom Alarmsystem der Bäume weiter erhärten, deshalb dachten sie sich eine neue Versuchsanordnung aus: Sie setzten zwei- bis dreihundert Raupen von zwei als besonders gefräßig bekannten Raupenarten auf jeden ihrer Versuchsbäume. Als Versuchsbäume wählten sie wieder Birken und Weiden. Die chemische Zusammensetzung ihrer Blätter wurde bei Versuchsbeginn bestimmt und im Verlauf der Experimente immer wieder untersucht.

Zum Vergleich gab es eine Kontrollgruppe von Bäumen, ebenfalls Birken und Weiden, die keinem Raupenbefall ausgesetzt wurde. Das Labor lieferte die erwarteten Ergebnisse:

Die Bäume reagierten auf die gefräßigen Raupen, die ihre Blätter beschädigten, indem sie ihre chemischen Waffen einsetzten und die Blätter unverdaulich und weniger nahrhaft machten. Dann kam endlich die Bestätigung: Auch die Bäume aus der Kontrollgruppe, die ja keinen Raupenbefall hatten, reagierten und veränderten die chemische Zusammensetzung ihrer Blätter, als ob sie Raupen abwehren müßten. Ganz offensichtlich hatten sie – wie auch immer – die Botschaft ›Akute Bedrohung durch Freßfeinde‹ erhalten. Die Wissenschaftler vermuteten zunächst, daß das Alarmsignal über die Wurzeln der Bäume weitergeleitet wurde. Diese Hypothese mußten sie aber ausschließen, denn die unverletzten Bäume aus der Kontrollgruppe standen bis zu 100 Meter entfernt von den befallenen Bäumen, es gab keine Wurzelkontakte. Es blieb nur eine Erklärung: Die redenden Bäume aus Seattle mußten ihr Signal über den Luftweg weitergeleitet haben, um die anderen Bäume zu warnen. Erste Voruntersuchungen zeigten, daß die chemische Substanz Äthylen, ein Gas, das Warnsignal der verletzten Bäume war. Von Äthylen war bereits bekannt, daß es zum Beispiel bei Früchten den Reifeprozeß verstärkt, wenn es sich von einer Frucht zur anderen verbreitet. So schien es der perfekte Kommunikationskandidat zu sein.
Doch dann begann das Dilemma der Wissenschaftler. Um einen harten wissenschaftlichen Beweis für die Kommunikationsfähigkeit der Bäume liefern zu können, mußten sie im Labor die Ergebnisse aus dem Wald wiederholen, unter kontrollierten Bedingungen den Ausbreitungsweg des Gases Äthylen von einem Baum zu den anderen genau bestimmen und die daraufhin eintretende Veränderung der chemischen Zusammensetzung der Blätter analytisch nachweisen. Sie waren aber nicht in der Lage, eindeutige, wiederholbare Ergebnisse zu erzielen. Dr. David Rhoades, der heute an der Washington-Universität von Seattle unterrichtet: »Pflanzen-

Kommunikation war den Leuten von Anfang an verdächtig vorgekommen. Die ganze Sache liegt weit außerhalb unseres heutigen Verständnisses von Bäumen. Ich habe im Anschluß an die Feldversuche drei Jahre im Labor zugebracht und konnte keine wiederholbaren Ergebnisse erhalten. Ich konnte all diese statistisch signifikanten Tatsachen einmal feststellen, ein zweites Mal feststellen und beim dritten Mal nicht wiederholen. Ich habe keine Ahnung, was in unseren Laborversuchen danebengegangen ist, vielleicht war unser Kardinalfehler, daß wir im Labor Kunststoffe, wie zum Beispiel Plexiglas, für den Bau der Versuchsanordnung für die Pflanzen verwendet haben. Wir haben uns damals keine Gedanken über das mögliche Ausgasen solcher Kunststoffe gemacht. Es ist ja durchaus denkbar, daß diese Gase die Wirkung des chemischen Signalstoffs gestört haben. Ich bin heute noch davon überzeugt, daß unsere Meßergebnisse richtig waren, daß Bäume in der Tat kommunizieren können, aber ich habe das nicht endgültig wissenschaftlich beweisen können.« Ihm wurden sämtliche Forschungsgelder gestrichen, der Spott seiner Kollegen war ihm sicher. So etwas ist übliche Praxis im Wissenschaftsbetrieb, vor allem dann, wenn völlig neue Ergebnisse vorliegen, die ein ganzes Fachgebiet auf den Kopf stellen.

Erst heute, beinahe 10 Jahre nach seinem ersten Verdacht, daß die Bäume ›reden‹ können, hat er wieder einen kleinen Forschungsetat, auf einem anderen Gebiet der Botanik, aber er wird natürlich einige kleine Experimente zur Pflanzenkommunikation einbauen, »weil«, so Dr. David Rhoades heute, »ich dieses Phänomen der kommunizierenden Bäume in der Natur bei Hunderten von Bäumen gesehen habe. Kommunikation bei Pflanzen macht auch Sinn, wenn wir über die Evolution nachdenken. Eine Pflanze, die das Signal verstehen kann, daß sie bald angegriffen wird, hat einen selektiven Vorteil. Sie kann sich verteidigen. Natürlich ändert sich damit auch unser Bild von Pflanzen. Und zwar in die Richtung, daß Pflanzen intelligenter sind, als wir bislang angenommen haben. Wie ›bewußt‹ sind sie sich anderer Vorfälle um sich herum? Pflanzen darf man doch nicht immer nur isoliert als ein statisches Etwas betrachten, an dem irgendwelche Tiere oder auch Menschen herumkauen. Nein, Pflanzen-Kommunikation hat philosophische Konsequenzen, vor allem für Vegetarier!« Er lacht und erzählt, daß er im Frühjahr 1991 noch einmal ganz von vorn mit seinen Versuchen begonnen hat, zunächst wieder in der Natur.

Einen indirekten Hinweis für die Richtigkeit von David Rhoades' Experimenten und Überlegungen liefert eine ebenfalls 1983 erschienene Studie mit dem komplizierten Titel: ›Schnelle Veränderungen in der chemischen Zusammensetzung von Blättern von Bäumen hervorgerufen durch Verletzungen, Beweis für Kommunikation zwischen Pflanzen‹. Zwei Biologen vom renommierten Dartmouth College an der amerikanischen Ostküste pflanzten Sämlinge von Pappeln in Töpfe und stellten mehrere dieser jungen Bäumchen unter eine gemeinsame Glocke aus Plexiglas. Anschließend beschädigten sie einige der jungen Pflanzen, indem sie ihnen einige Blätter ausrissen, damit simulierten sie die Verletzungen durch fressende Tiere. Die Bäumchen reagierten rasch: Innerhalb von Stunden produzierten sie deutlich erhöhte Konzentrationen von Phenol und Tannin, chemische Substanzen, die die Blätter für zahlreiche Tiere, beispielsweise für bestimmte Raupen, die als Pappelschädlinge bekannt sind, unverdaulich und giftig machen. Unter der festabgedichteten Glocke passierte nun aber dasselbe merkwürdige Phänomen wie bei David Rhoades' Freilandversuchen: Als die Wissenschaftler auch die Blätter der nicht beschädigten Pappelbäumchen untersuchten, die zusammen mit den beschädigten Pappeln unter einer Glocke waren, fanden sie auch bei ihnen einen deutlichen Anstieg der Phenol- und Tanninkonzentration. Die Pflanzen hatten sich weder über die Wurzeln noch über die Blätter berühren können, dies war durch die Versuchsanordnung sichergestellt worden. Trotzdem hatten alle nicht verletzten Bäume unter derselben Glocke reagiert.

Wie hatten sie sich also über die Verletzungsgefahr gegenseitig informiert? Die einzig mögliche Erklärung war wiederum, daß die beschädigten Pflanzen über den Luftweg ein Signal, eine Warnung, abgegeben hatten, worauf es auch bei den unbeschädigten jungen Pappelbäumen zu einer vorbeugenden Schutzreaktion kam. Die Kontrollpflanzen, ebenfalls unter einer fest abgedichteten Glocke, also sorgfältig getrennt von den beschädigten Pappelbäumchen, hatten keinerlei Reaktion gezeigt, die Glaswände hatten verhindert, daß die Alarmsignale ihrer Nachbarn zu ihnen durchdrangen. Den beiden Biologen gelang es, denselben Versuch genauso erfolgreich auch mit jungen Ahornbäumen durchzuführen.

Für David Rhoades waren die Versuche seiner Kollegen damals ein weiterer Beweis für die Richtigkeit seiner Annahme: »Auch wenn wir immer noch nicht sämtliche Einzelheiten dieser chemischen Kommunikation eindeutig nachgewiesen haben, können wir aus all diesen Teilergebnissen doch nur die Schlußfolgerung ziehen, daß die Pflanzen tatsächlich in der Lage sind, miteinander zu kommunizieren. Ich bin überzeugt, daß in den nächsten Jahren die Beweise erbracht werden, daß dies für alle Pflanzen zutrifft.«

Lange Zeit war er mit seiner Überzeugung ein wissenschaftlicher Einzelgänger, heute ist er sich sicherer als je zuvor, denn das Jahr 1990/91 wurde wieder ein gutes Jahr für die Erforschung der Kommunikation der Pflanzen.

›Science News‹, die bekannte Wochenzeitschrift für Nachrichten aus der Wissenschaft, begann eine ihrer Geschichten so: »Stellen Sie sich vor, Sie sind ein Käfer im kulinarischen

Paradies, genüßlich kauen Sie gerade an einem zarten Tomatenblatt. Aber halt: Ihre Bisse haben ein biologisches Alarmsystem ausgelöst. Ein Signal alarmiert die ganze Pflanze. Ihr Gastgeber beginnt, giftige Substanzen zu produzieren, die jedes Blatt durchdringen. Sollten Sie vorhaben, die Mahlzeit fortzusetzen, provozieren Sie einen ernsthaften Fall von Magenverstimmung, die Krankheit könnte in einem fortgesetzteren Stadium bedeuten, daß Sie nicht weiter wachsen und schließlich zu einem qualvollen Tod durch langsames Verhungern führen. Und der Alptraum aller Insekten ist nicht beendet, wenn Sie zu der nächstbesten anderen Pflanze flüchten. Der von Ihnen verletzte Gastgeber hat längst zum chemischen Alarm geblasen, und jede Pflanze in der gesamten Nachbarschaft hat angefangen, dieselbe Anti-Käfer-Tinktur herzustellen. Ihre Hoffnungen auf ein anständiges Mahl irgendwo in der gesamten Umgebung müssen Sie vergessen!«[7] Die wissenschaftliche Sensation war perfekt: Zum ersten Mal konnten renommierte Wissenschaftler, Professor Clarence A. Ryan und Dr. Edward Farmer, unter kontrollierten Laborbedingungen beweisen, daß chemische Kommunikation von Pflanze zu Pflanze in der Tat stattfindet und benannten auch den chemischen Alarmstoff, der andere Pflanzen in der Umgebung vor einem Angriff warnt und die Abwehrreaktionen auslöst. Dieses Mal wurde die Beweisführung nach allen Regeln der Wissenschaftlerzunft erfolgreich abgeschlossen, kein Glied der Beweiskette fehlt. Professor Ryan vom Institut für Biochemie der Washington-State-Universität in Pullmam ist Mitglied der amerikanischen Akademie der Wissenschaften. In den Akademie-Berichten wurde das erste Mal eine Kommunikationssubstanz so vorgestellt, daß die Ergebnisse und Schlußfolgerungen von keinem Wissenschaftler mehr angezweifelt werden können: Es handelt sich um Methyl-Jasmonat, einen bekannten Inhaltsstoff zahlreicher Pflanzen. Er regt unter anderem die

Synthese von an der Abwehr beteiligten Eiweißstoffen an und beschleunigt auch den Alterungsprozeß und den Verlust von Blättern.

Das erste Mal wurde der Versuch mit Tomaten durchgeführt. Das Wissenschaftlerteam um Professor Ryan konnte in seinen Experimenten eindeutig beweisen, daß Tomatenpflanzen heftige Abwehrreaktionen zeigen, wenn der ›Botenstoff‹ Methyl-Jasmonat sie über den Luftweg erreicht. Auch der Zusammenhang zwischen der Konzentration der Substanz in der Luft und der Heftigkeit der Abwehrreaktion der Tomaten wurde geklärt: Pflanzen, die in 24-Stunden-Versuchen den höchsten Methyl-Jasmonat-Konzentrationen ausgesetzt waren, reagierten heftiger, produzierten also mehr Abwehrstoffe, als Pflanzen in Versuchen mit niedrigeren Konzentrationen.

Weitere Versuche zeigten, daß nicht nur Tomaten, sondern auch andere Pflanzen auf das Signal Methyl-Jasmonat mit Abwehrverhalten reagierten: Kartoffeln, Tabakpflanzen und Luzerne, eine auf der ganzen Welt verwendete Futterpflanze, die auch unter dem Namen Alfalfa bekannt ist.

Bei einem ihrer Versuche wählten die Wissenschaftler um Professor Ryan als Methyl-Jasmonat-Quelle die nordamerikanische Beifußpflanze. Sie ist in Europa vor allem durch Westernfilme bekannt: Immer wenn mutige Cowboys durch einsame Landstriche mit wenig Vegetation reiten, sorgt die Regie dafür, daß der Wind dem Pferd des Helden einige bis zu knapp einem halben Meter große, verblichen-grüne, buschige Pflanzenbündel vor die Füße rollt – das ist der nordamerikanische Beifuß. Er enthält ähnliche Methyl-Jasmonat-Konzentrationen, wie sie die Wissenschaftler für ihre Experimente in die Luft der Versuchskammern gegeben hatten.

Das Ergebnis: Nur die Testpflanzen, die mit dem Beifuß zusammen in derselben Versuchskammer waren, reagierten genau wie in den vorangegangenen Experimenten auf Methyl-

Jasmonat, indem sie ihre Blätter mit Anti-Insektenmitteln bestückten. Professor Ryans Fazit: »Wir haben jetzt zum ersten Mal eine biochemische Basis, wo durch Kommunikation von Pflanze zu Pflanze ein bisher nicht bekannter Verteidigungsmechanismus aktiviert und gezeigt wird. Wir wissen von Tieren, daß sie auf vielfältige Art mit Hilfe von chemischen Substanzen miteinander kommunizieren. Und als wir dies das erste Mal im Labor bei Pflanzen beobachteten, haben wir uns gesagt, warum sollten Pflanzen das nicht können, warum eigentlich nicht auch Pflanzen?«

Die erste Bestätigung dieser Experimente durch ein anderes Wissenschaftlerteam ist inzwischen auch eingegangen: Sojabohnen zeigen dieselbe Abwehrreaktion, wenn ihnen Methyl-Jasmonat über den Luftweg Gefahr signalisiert.

So gibt es jetzt bereits zwei Kandidaten für die chemische Kommunikation von Pflanze zu Pflanze, Äthylen und Methyl-Jasmonat, wobei die letztgenannte Substanz erstaunlicherweise nicht nur die Pflanzen derselben Art über bevorstehende Gefahren informiert, sondern eben auch ganz andere Pflanzen.

Die Tatsache, daß Bäume und Pflanzen über ein Alarmsystem verfügen, wird nicht nur in Amerika festgestellt. Eine Bestätigung für die chemische Kommunikation von Baum zu Baum wird auch aus Südafrika gemeldet, genauer gesagt, aus der Region Transvaal. Dort gibt es nicht nur den international berühmten Krüger-National-Park, sondern auch viele private Tiergehege, in denen vor allem Kudus, eine afrikanische Antilopenart, gehalten werden. Kudus sind geschätzt wegen ihres gutschmeckenden Fleisches und ganz besonders wegen ihrer großen, gedrehten Hörner, die als ›Jagd‹-Trophäen vor allem von bundesdeutschen Schießtouristen mit nach Hause gebracht werden. Durch die enorme Nachfrage sind die Kudupreise in den letzten zehn Jahren gewaltig angestiegen. Wer in Transvaal als Farmer über genügend Land verfügte, legte sich eine private Kuduranch zu, die Zahl solcher eingezäunten Tiergehege hat sich seit 1980 verzehnfacht.

In der Mitte der achtziger Jahre begann ein rätselhaftes Kudusterben. Zunächst vermutete man einen Zusammenhang mit den stärker werdenden Dürreperioden in den Wintermonaten, doch die profitablen Antilopen in ihren Gehegen hatten offensichtlich noch genug zu fressen und mußten auch nicht unter Wassermangel leiden. Der Zoologe Wouter van Hoven, Professor an der Universität Pretoria, untersuchte den Mageninhalt verstorbener Kudus und konnte ausschließen, daß die Tiere an ›Parasiten, längerandauernder Unterernährung oder Wassermangel oder irgendwelchen Krankheiten‹ gestorben waren. [8)]

3 000 tote Tiere – Todesursache unbekannt. Professor van Hoven war aber nicht nur Spezialist für die Ernährung von Wildtieren, er hatte auch zwei Jahre lang Giraffen im Krüger-National-Park beobachtet. Es war ihm aufgefallen, daß freilebende Giraffen nie länger als zehn Minuten an ein und demselben Akazienbaum fressen. Akazienbäume sind in Südafrika weitverbreitet, ihre Blätter werden nicht nur von Giraffen, sondern auch von Kudus und anderen Tieren als Nahrung geschätzt. Wie die Giraffen, so haben auch die Kudus auf freier Wildbahn die Gewohnheit, stets nur einige Minuten vom selben Baum zu fressen. Dann schreiten sie gegen den Wind zu einem etwas entfernten Akazienbaum oder laufen bei Windstille bis zu hundert Meter weiter, bevor sie wieder zu knabbern beginnen. Bäume, die in Windrichtung stehen, meiden sie stets.

Durch diese vergleichenden Beobachtungen kamen die Wissenschaftler um Professor van Hoven auf die Idee, daß irgend etwas mit den Akazienbäumen in den Tiergehegen nicht ›stimmt‹. Mit Hilfe von statistischen Berechnungen fanden sie schließlich heraus, daß besonders viele Kudu-Antilopen von den Tiergehegen gestorben waren, die am dichtesten besiedelt waren. Die chemischen Analysen der Mageninhalte dieser Kudus ergaben, daß sie Pflanzen mit einem abnorm hohen Gehalt an Tannin, einem Bitterstoff der Akazienblätter, zu sich genommen hatten. Sie schlossen daraus, daß Kudus, die in der Gefangenschaft durch Zäune am Wandern gehindert werden, notgedrungen viel mehr, das heißt auch länger, von ein und demselben Akazienbaum fressen müssen, auch wenn es längst nicht mehr schmeckt. Durch zahlreiche Laborversuche und Analysen wurde schließlich das Rätsel gelöst: Auch Akazienbäume schlagen Alarm, wenn Tiere ihre Blätter abfressen. Um sich selbst zu verteidigen, erhöht der angeknabberte Baum die Tannin-Konzentration seiner Blätter bis zu einer für das Wild tödlichen Dosis und gibt gleichzeitig das süßlich riechende Gas Äthylen in die Luft ab, woraufhin die Bäume in der Umgebung ebenfalls beginnen, sich mit einer erhöhten Tanninproduktion zu verteidigen. Professor van Hoven: »Die Bäume beginnen innerhalb von Minuten Äthylen und einige andere Gase, die wir noch nicht kennen, auszusenden, nachdem ihre Blätter beschädigt wurden. Das ›wissen‹ die freilebenden Giraffen und Kudus, die immer entgegen der Windrichtung fressen. Sie vermeiden so die Bäume mit hohen Tannin-Konzentrationen. Die Tiere sind sogar so vorsichtig, daß sie alle Bäume meiden, die zu nahe bei denen stehen, wo sie zuvor gefressen haben.« So ›wählerisch‹ konnten die eingezäunten Kudu-Antilopen nicht sein, und das Warnsystem der Bäume wurde ihnen zum Verhängnis.

Den Wissenschaftlern aus Pretoria gelang es, die Baum-zu-Baum-Kommunikation unter Laborbedingungen zu wiederholen und zu beschreiben, wie die Warnsubstanz Äthylen wirkt: Wenn Äthylen in die untere Seite eines Blattes eindringt, ändert es die Durchlässigkeit der Zellmembranen. Das fördert die Bildung gewisser Substanzen, die dann in die

Enzyme der Blätter eingebaut werden, als eine Art Katalysator für die Produktion der Gerbsäure Tannin. Dieses wiederum löst dann im Organismus vieler Tiere Stoffwechselreaktionen aus, die je nach Tannin-Konzentration bis zum Tod führen können.

Pflanzen können aber nicht nur über den Luftweg durch chemische Botschaften miteinander kommunizieren, sie ›reden‹ auch im Untergrund, jedenfalls in kalifornischen Wüsten. ›Larrea‹ und ›Ambrosia‹ heißen die beiden Wüstensträucher, deren Gespräche zwei junge Wissenschaftler von der California-Universität unlängst ›abhörten‹ und 1991 publizierten.[9] Sie ließen die Pflanzen in durchsichtigen, mit Erde gefüllten Glascontainern wachsen, um ihr Wurzelverhalten zu beobachten. Seit Jahrhunderten haben Forscher angenommen, daß Pflanzen über Wurzeln chemische, mechanische oder elektrische Signale austauschen können, die ihr Wachstum und das der Pflanzen in der Nähe regulieren. Unter der Erde könnte sich sozusagen ein ›stiller Krieg‹ der chemischen Botschaften abspielen, in der Konkurrenz um Nährstoffe, Wasser und Territorium. Bruce Mahall und Ragan Callaway gelang es jetzt, ein bißchen Licht in den Untergrund zu bringen. Ambrosia, das Eselskraut, und Larrea, der etwa einen Meter große Wüstenstrauch, sind in der Natur häufig zusammen anzutreffen, in den weiten Trockengebieten bis hinunter nach Texas. Dr. Callaway: »Unsere Experimente und Beobachtungen zeigen, daß die Larrea-Wurzeln eine toxische Substanz abgeben, die verhindert, daß die Wurzeln von Ambrosia ab einem gewissen Punkt der gegenseitigen Annäherung weiterwachsen. Es handelt sich wahrscheinlich um das bislang beste Beispiel dieser chemischen Form der Wurzelkommunikation, das bisher in der wissenschaftlichen Literatur beschrieben worden ist.« Die beiden Wissenschaftler planen, in zukünftigen Experimenten auch die Substanz zu identifizieren, mit der das Eselskraut der Ambrosia den ›Bis hierher und nicht weiter‹-Befehl erteilt. Den Beweis dafür, daß es sich um chemische Kommunikation handeln muß, fanden sie, als sie eine Schicht Aktivkohle in die Erde zwischen den beiden Wurzelspitzen gaben. Aktivkohle wirkt für chemische Substanzen wie eine undurchlässige Wand und verhindert so jegliche chemische Kommunikation. Es fand auch keine mehr statt: Die Larrea-Wurzeln konnten das Wurzelwachstum von Ambrosia nicht mehr verhindern. Für Dr. Callaway ist die Tatsache, daß Pflanzen auf vielfältige Art kommunizieren können, schlicht logisch, und die Zeiten, als Wissenschaftlern wie Dr. Rhoades die Forschungsgelder gestrichen wurden, wenn sie sich mit den ›redenden Bäumen‹ im Labor herumschlugen, scheinen eine Sache der Vergangenheit zu sein, mindestens in Amerika. Dr. Callaway: »Chemische Kommunikation zwischen Tieren ist eine allgemein bekannte Tatsache. Und nun beginnen wir gerade dasselbe Phänomen bei Pflanzen zu entdecken. Es gibt keinen Grund anzunehmen, daß diese Form der Kommunikation im Pflanzenreich weniger verbreitet ist. Tatsache ist, daß die Wissenschaftler bis heute noch nicht einmal richtig angefangen haben, auf diesem Gebiet zu arbeiten. Die Kommunikation zwischen Pflanzen und Tieren dagegen, wo Pflanzen mit Hilfe der Biochemie Insekten anlocken oder vertreiben, ist viel häufiger bearbeitet worden.«

In der Tat ist allgemein bekannt, daß die Pflanzen es im Verlauf der Evolution gelernt haben, durch ganz bestimmte Düfte, also chemische Signale, ganz bestimmte Insekten anzulocken. So gesehen, ist jede Blume, jede Pflanze ein individuelles Beispiel für die Kommunikation mit Tieren. Eines der spannendsten Phänomene, wie Pflanzen Tiere geradezu betören, ist der Fall der Bienen-Orchis, Ophrys apifera, einer in Europa verbreiteten Orchideenart. Ihre Blüten sehen aus wie kleine Bienen und täuschen so die Bienenmännchen, die vermuten, es handele sich um Bienenweibchen. Ein höchst kompliziertes Betrugsmanöver aus dem Reich der ›unschuldigen‹ Blumen, ein Fall von verführerischen Düften, Sex und Betrug. [10] Denn die Bienen-Orchideen sehen nicht nur so aus wie Bienen, sondern haben sich auch noch die entsprechende Duftnote zugelegt, die in der Tat chemisch verwandt ist mit jenen Substanzen, die von weiblichen Bienen in speziellen Drüsen im Hinterleib produziert werden. Die männlichen Bienen spüren den Duft der Pflanze von weither auf und sind magisch angezogen. Sie fliegen prompt zur Quelle des Geruchs und der erste Teil des Trickbetrugs hat funktioniert, die Pflanze hat durch chemische Signale eine bestimmte Tierart ›zu sich herbestellt‹. Wenn das Bienenmännchen nach kurzem Suchflug nun die Orchidee sieht, kommt Teil zwei des Trickbetrugs, die optische Täuschung: Der Mittelpunkt der Orchideenblüte hat exakt das gleiche Farbmuster wie die Umgebung des Geschlechtsteils eines Bienenweibchens. Das Bienenmännchen ist begeistert, hier ist ein potentieller Sexualpartner. Teil drei des Trickbetrugs ist wirklich schamlos, es gibt da noch die etwas pelzige Oberfläche der Blüte, die dem Bienenmännchen den Haarpelz im Genitalbereich der Bienen vortäuscht. Die Orchidee riecht wie eine weibliche Biene, sie sieht ihr täuschend ähnlich bis in die Details und fühlt sich auch noch so an. Hingerissen durch seinen Sexualtrieb kriecht das Bienenmännchen in die Orchideenblüte, macht einige ruckartige Bewegungen, erster Paarungsversuch, stellt fest, daß irgend etwas hier nicht richtig läuft, nimmt Anlauf, wieder einige ruckartige Bewegungen, zweiter Paarungsversuch. Zum sexuellen Höhepunkt kann er aber nicht kommen und fliegt davon. Das Manöver hatte für die Pflanze nur den Zweck ihrer eigenen Fortpflanzung. Bei seinen erfolglosen Paarungsversuchen hat das Bienenmännchen nämlich die gelbe Pollenmasse aus der Blüte mitgenommen und fliegt nun voller Frust zur nächsten Blüte, die wieder diesen verführerischen Signalgeruch ›komm spiel mit mir‹ aussendet. Beim nächsten Paarungsversuch des Bienenmännchens, der natürlich wieder im Frust endet, bleibt der ›mitgebrachte‹ gelbe Pollen an dem weiblichen Organ der Blüte kleben, die Befruchtung ist perfekt, die Nachkommenschaft ist gesichert – aus der Pflanzenperspektive jedenfalls......

Die Bienen-Orchis ist gewiß in ihrer Perfektion ein ziemlich extremer Fall, aber die Pflanzen verstehen es, neben den Düften, die die Menschen so sehr schätzen, chemische Lockrufe auszusenden, die wir mit unserem schlecht entwickelten Geruchssinn gar nicht wahrnehmen können.

Zimmerpflanzen statt Gasmaske

Washington D.C., USA

Bislang war häufig genug davon die Rede, welche Gifte die Pflanzen so produzieren können. Es ist auch wirklich erstaunlich, wieviele Gewächse Giftstoffe enthalten, die für Mensch und Tier gefährlich sind, Allergien auslösen, große Blasen auf der Haut erzeugen oder gar, wie zum Beispiel bei der Tollkirsche, das Leben kosten können.

Ein historisches Beispiel von solchen wehrhaften Pflanzen erzählt der bekannte britische Biologe Anthony Huxley: »Im Lauf des letzten Jahrhunderts wurden die Bewohner von Bergdörfern im nördlichen Nigeria immer wieder von plündernden Moslems überfallen. Um sich zu verteidigen, zäunten die Bewohner ihre Dörfer mit der Kakteenart Wolfsmilch, Euphorbia desmondii, ein. Deren kantige Stengel, die armdick und mit kräftigen Dornen bedeckt sind, bilden eine hohe, undurchdringliche Hecke. Ein Versuch, diese Palisaden aus Pflanzen zu stürmen, wäre Wahnsinn gewesen, da die Stengel giftigen Milchsaft enthalten, der Blasen auf der Haut hervorruft und blind macht, wenn er ins Auge kommt.« [11]

Viele Pflanzen produzieren zwar Gifte, sie sind aber auch in der Lage, Gifte aus der Luft aufzunehmen und zu vernichten. Das belegt eine Studie der amerikanischen Weltraumbehörde NASA. Die NASA beschäftigt sich mit diesem Problem, weil ihre Astronauten in Raumkapseln oder in zukünftigen Raumstationen im All unter sehr speziellen Bedingungen leben müssen: Komplette Abtrennung von der Außenwelt, keine normale Luftzufuhr, die Ausdünstungen des Mobiliars und der zahlreichen elektrischen Geräte und der im Innenraum verwendeten Chemikalien. Alles zusammen ein Chemiecocktail, dessen Zusammensetzung kein Chemiker der Welt kennt.

Es mag für den Laien überraschend klingen, daß dieses Problem uns auf der Erde genauso, ja sogar viel mehr betrifft, als die Astronauten in ihren Raumkapseln. Seit den großen Energiekrisen der siebziger Jahre haben wir begonnen, unsere Häuser systematisch ›von der Außenwelt abzuschließen‹, aus guten Gründen möchten wir insbesondere auf die Zufuhr kalter Luft von außen verzichten und die Wärme aus dem Inneren unserer Häuser nicht herauslassen. Wir begannen gründlich abzudichten, mit Doppelfenstern, Wärmedämmung überall, der Isolierung von Wänden etc. Zum ersten Mal in der Geschichte der Menschheit haben wir begonnen, uns in unseren Häusern von der Natur immer mehr abzukoppeln, zumindest in den Neubauten der westlichen Welt. Das Ergebnis war ein Phänomen, das unter dem englischen Namen ›Sick Building Syndrome‹ bekannt wurde, was frei übersetzt bedeutet, das Syndrom der krank machenden Häuser. Für die NASA ist einer der Hauptgründe, warum unsere modernen Häuser den Menschen krank machen, die Tatsache, daß wir in unserer räumlichen Abgeschiedenheit den Kontakt zu den Pflanzen und den mit ihnen im Boden zusammenlebenden Mikroorganismen verloren haben: »Da die Existenz des Menschen auf der Erde von einem lebendigen ökologischen System abhängt, das eine vielschichtige, komplizierte Beziehung mit Pflanzen und den sie begleitenden Mikroorganismen umfaßt, ist es nur zu logisch, daß Probleme entstehen, wenn der Mensch versucht, sich in dicht versiegelten Häusern von seinem ökologischen System getrennt zu isolieren. Sogar ohne die Existenz von hunderten künstlich hergestellter Chemikalien, die in die nach außen hin abgeschlossene Umgebung ausgasen, würden die Schadstoffe, die der Mensch selbst abgibt, ausreichen, um die Innenräume zu vergiften.«[12]

81

Ganz besonders anfällig sind viele Menschen für gesundheitliche Belastungen, die von Neubauten ausgehen. Die Schlagzeilen aus der Presse sind bekannt: Asbest in der Schule, Formaldehyd im Kindergarten, Trichlorethylen im Haus neben der chemischen Reinigung, Dioxin im Hausstaub. Täglich atmet der Mensch in den eigenen vier Wänden, im Büro und zu Hause, eine diffuse Schadstoffmischung ein, die Ausgasungen umweltschädlich produzierter Wohn- und Büromöbel, der Wand- und Holzfarben, des verwendeten Holzes, der Lacke, der Tapeten. Auch Teppichböden, Dekorations-und Arbeitsmaterialien, sogar unsere eigenen Kleider, sind häufig auch nach jahrelangem Gebrauch Quellen für Gifte, die wir nicht sehen können, selten riechen aber ständig einatmen. In neugebauten Häusern bemerken wir am Anfang noch diesen Schadstoffcocktail, wir stellen fest, ›es riecht nach Neubau‹, dann glauben wir, uns an den penetranten Geruch zu gewöhnen und bemerken die Gefahren erst wieder, wenn unser Körper mit Allergien, häufigen Schleimhautreizungen, Kopfschmerzen, Augenbrennen, Schnupfen, Husten, asthmatischen Anfällen und schlimmeren Krankheiten reagiert.

Dieselben Probleme treten auch auf, wenn Altbauten renoviert werden. Sogar dann, wenn eine Wohnung nicht renoviert wird, können ähnliche Gesundheitsbeschwerden auftreten, denn irgendwann werden neue Möbel gekauft oder ein neuer Teppichboden wird verlegt. Oder wenn der Fernseher kaputt ist, und die Reparatur sich nicht mehr lohnt, wird ein neuer angeschafft. Viele der neuangeschafften Gegenstände gasen ständig Gifte aus, und dies für Jahre.

Nach Einschätzungen der Weltgesundheitsorganisation sind etwa dreißig Prozent aller Neubauten und renovierten Altbauten vom ›Sick Building Syndrome‹ betroffen. Unsere Gesundheit, zu Hause und am Arbeitsplatz, hängt davon ab, welche Baumaterialien verwendet werden und welche Einrichtungsgegenstände und technischen Geräte, vom Kopierer bis zum Computer, in den Zimmern stehen.

Die NASA-Wissenschaftler gehen davon aus, daß weltweit der Trend moderner Gesellschaften dahin geht, sich immer mehr in abgeschlossenen Innenräumen aufzuhalten, egal ob in Raumstationen oder auf der Erde. Die NASA ist keine Behörde, die diesen Trend in Frage stellt oder gar kritisiert oder auf der Produktseite für umweltfreundliches Wohnen eintreten würde. Überhaupt sind Amerikaner da viel pragmatischer als Europäer. In diesem Sinne sind die NASA-Überlegungen folgerichtig und logisch: Wenn wir eben immer stärker von unserer natürlichen Umwelt isoliert leben, müssen wir »das Unterstützungssystem Natur« mit in unsere Innenräume nehmen, sprich Pflanzen, Erde und die sie begleitenden Mikroorganismen verstärkt in unsere Häuser holen, denn Bäume und Blumen sind ideale Schadstoffilter. Sie nehmen die Gifte aus der Luft über winzige Spaltöffnungen in ihren Blättern auf und bauen sie in Wechselwirkung mit den Mikroorganismen im Boden ab. Zitat aus der NASA-Studie: »Pflanzenwurzeln und die mit ihnen zusammenlebenden Mikroorganismen zerstören die Schadstoffe, aber auch krank machende Viren und Bakterien, indem sie nach und nach all diese Gifte aus der Luft aufnehmen, umwandeln und neues Pflanzengewebe daraus bilden.«[13] In großangelegten mehrjährigen Tests untersuchte die amerikanische Weltraumbehörde, welche Pflanzen als Filter von Schadstoffen besonders geeignet sind. Da es sich in unseren Innenräumen grundsätzlich um ein Schadstoffgemisch handelt, dessen einzelne Verbindungen untereinander wieder neue chemische Verbindungen bilden können, wurde die Untersuchung beispielhaft an drei Modellsubstanzen durchgeführt, die gut erforscht sind und praktisch überall in Innenräumen vorkommen: Benzol, Trichlorethylen und Formaldehyd. Diese Allerweltschemikalien pumpten die

Wissenschaftler in hohen und niedrigen Konzentrationen in abgedichtete Kammern, stellten verschiedene Pflanzen hinein und kontrollierten im 24-Stunden-Test, wieviel Gift die einzelnen Pflanzen aus der Luft herausgenommen hatten. Einige Daten zu den Chemikalien, die am Pflanzentest beteiligt waren:

– Benzol: Bei dauerhaftem Kontakt mit diesem Gift, auch in relativ niedrigen Konzentrationen verursacht es Kopfschmerzen, Appetitverlust, Schwindelgefühle, Nervosität, Störungen des Nervensystems, Anämie und andere Blutkrankheiten und Knochenmarkserkrankungen. Benzol gilt auch als krebserregend, erbgutverändernd und schädigt die Embryos im Mutterleib. Benzol kommt u.a. in Benzin, Tinten, Ölen, Farben und Plastikprodukten vor.

– Trichlorethylen: Aus Tierversuchen liegen Daten vor, daß es krebserregend wirken kann, das amerikanische Krebsforschungsinstitut schätzt diese Substanz als leberkrebserregend ein. Trichlorethylen kommt vor allem in chemischen Reinigungen zum Einsatz, im Haushalt taucht es u.a. in Druckfarben, Farben, Lacken, Poliermitteln und Klebstoffen verschiedener Art auf.

– Formaldehyd: Greift Augen, Nase und Rachen an, kann allergische Reaktionen hervorrufen, verursacht Kopfschmerzen und Asthma. Formaldehyd steht nach wie vor im Verdacht, krebserregend zu sein. Formaldehyd findet sich in allen Innenräumen, es ist durch seine vielfältige Anwendung ubiquitär, d.h. allgegenwärtig geworden. Verwendet wird es u.a. in Isolationsmaterialien, Spanplatten, Papierprodukten, Reinigungsmitteln, Kleidern.

Die Ergebnisse der NASA-Pflanzenversuche zeigten deutlich, welch hervorragende Schadstofffilter Grünpflanzen sind. Einige Pflanzen schafften es, innerhalb von 24 Stunden in kleinen, fest versiegelten Kammern sehr hohe Konzentrationen einzelner Schadstoffe um bis zu 70 Prozent abzubauen.

Falls es am Arbeitsplatz oder im eigenen Haus Probleme mit Formaldehyd gibt, empfiehlt es sich, den bisherigen Spitzenreiter in der Formaldehydvernichtung ins Haus zu holen: einen Drachenbaum, Dracaena massangeana. Diese Pflanze schaffte es, an einem Tag 70 Prozent des Formaldehyds in der Versuchskammer abzubauen. Wieviele dieser Pflanzen in ein Zimmer kommen sollten, hängt von der Größe des Raumes ab. Da die Forschung hier noch ganz am Anfang steht, gibt es noch keinerlei Empfehlungen über die Anzahl und Größe von Pflanzen, die pro Zimmer für die Entgiftung notwendig sind. Selbstverständlich ist auch zu berücksichtigen, daß Formaldehyd, genau wie die anderen Schadstoffe, jeden Tag aufs neue von der Inneneinrichtung ausgast, so werden die Pflanzen nicht arbeitslos. Sollte die Dracaena massangeana nicht zur Wohnungseinrichtung passen, kommen noch eine Chrysantheme, Chrysanthemum morifolium, die immerhin 61 Prozent pro Tag schaffte, oder eine Gerbera, Gerbera jamesonii, in Frage. Sie vernichtete immerhin noch die Hälfte der ursprünglichen Formaldehydkonzentration.

Wenn jemand in der Nähe einer chemischen Reinigung wohnt, besteht vor allem die Möglichkeit einer hohen Trichlorethylen-Konzentration in den Innenräumen. Dieses Gift wird aber auch von Einrichtungsgegenständen und Materialien in der Wohnung selbst abgegeben. In den NASA-Tests erzielten Chrysanthemen der Sorte Chrysanthemum morifolium mit 41 Prozent die besten Ergebnisse, gefolgt von der Gerberaart Gerbera jamesonii mit 35 Prozent.

Benzol ist besonders problematisch in Stadtwohnungen, die in verkehrsreichen Gebieten liegen, Autoabgase sind eine der Hauptquellen für dieses Gift. Bei der Benzolvernichtung ist die genannte Gerbera, Spitzenreiter mit 67 Prozent. Besonders fleißig im Knacken von Benzolringen sind auch die Drachenbäume, Dracaena deremensis »Warneckei« und die Chrysantheme, Chrysanthemum morifolium, mit etwas über 50 Prozent.

Kein Pflanzenfreund braucht ein schlechtes Gewissen zu haben: Die Gifte schaden den grünen Zimmerpflanzen überhaupt nicht! Sie brauchen auch keine spezielle Pflege wegen der aufgenommenen Schadstoffe. Prinzipiell gilt: Je mehr Blattoberfläche eine Pflanze hat, desto mehr Schadstoffe kann sie aufnehmen und unschädlich machen.

In den letzten Jahren ist es vor allem in Büroräumen Mode geworden, auf die pflegeleichten Hydrokulturen überzugehen, bei denen die Bewässerung automatisiert werden kann. Über die Vernichtung von Schadstoffen durch Pflanzen in Hydrokulturen liegen keine Daten vor. Es ist nicht bekannt, wieweit in Hydrokulturen dieselben Mikroorganismen leben können wie in der Erde eines Blumentopfes. Das Zusammenspiel Mikroorganismen im Boden und Pflanze ist ja entscheidend für den Abbau der Gifte.

Bislang sind nur wenige der grünen Blattpflanzen auf ihre Eigenschaften als Schadstoffilter durchgetestet worden. Grundsätzlich nehmen alle Pflanzen Schadstoffe aus der Luft auf, so ist es durchaus möglich, daß in der Zukunft noch wesentlich fleißigere ›Spezialisten‹ unter ihnen entdeckt werden. Die Zeiten, wo man ins Blumengeschäft geht und fragt, welche Pflanzen am geeignetsten sind, um mit den giftigen Ausdünstungen des neu verlegten Teppichbodens fertigzuwerden, sind noch längst nicht angebrochen.

Bei der Entgiftung der Luft arbeiten die Zimmerpflanzen Hand in Hand mit den Mikroorganismen in der Blumenerde. Zusammen sind sie unschlagbar und schaffen fast alles. Aus Voruntersuchungen wissen die NASA-Wissenschaftler bereits, daß viele Pflanzen auch die Schadstoffe vom Zigarettenqualm vernichten, ja, daß sie sogar Radon, einen radioaktiven Schadstoff, ›entsorgen‹ können. Welche Grünpflanzen hierfür die wirklichen Spezialisten sind, wird zur Zeit erforscht. Es scheint sogar so zu sein, daß die Pflanzen, wenn sie sich einmal daran gewöhnt haben, Schadstoffen ausgesetzt zu sein, Appetit auf Gift bekommen und die Luft immer effizienter reinigen. Der Kommentar der NASA-Wissenschaftler dazu: »Das überrascht uns nicht, die Tatsache ist wohlbekannt, daß Mikroorganismen sich genetisch anpassen können und dabei ihre Fähigkeiten, giftige Chemikalien als Nahrungsquelle zu nutzen, steigern, wenn sie ständig solchen Schadstoffen ausgesetzt sind.«[14]

Der Zweizahn erinnert sich

Clermont-Ferrand, Frankreich
Rouen, Frankreich

Manchmal können sogar wissenschaftliche Studien richtig spannend sein, und diese beiden Publikationen haben bereits einen verheißungsvollen Titel, zuerst vorsichtig fragend im Jahre 1982: ›Können sich auch Pflanzen erinnern?‹[5] und dann zwei Jahre später schon wagemutiger: ›Erinnerungsvermögen und die spätere Wiedergabe von regelnden Mitteilungen bei Pflanzen‹.[6]

Ein Team französischer Pflanzenphysiologen mehrerer Universitäten hatte sich zusammengetan, um dem Gedächtnis der Pflanzen auf die Spur zu kommen. Allein die Fragestellung, ob Pflanzen über ein Erinnerungsvermögen verfügen, war wohl bereits so heikel, daß die Durchführung der Experimente und deren Bewertung nicht einem Wissenschaftler allein oder einem Institut zugetraut – oder zugemutet? – werden konnte. Die Entdeckung, daß Pflanzen ein Kurz- und Langzeitgedächtnis haben, hatte nämlich einen Haken: Die Pflanzenphysiologen sind bis heute nicht in der Lage zu erklären, wo das Gedächtnis einer Pflanze ›sitzt‹ und wie Informationen innerhalb einer Pflanze weitergeleitet werden. Pflanzen haben ja weder ein Gehirn noch ein Nervensystem, also müßte jeder ›echte‹ Wissenschaftler getreu dem Motto ›was nicht sein darf, kann auch nicht sein‹ allein den Gedanken an ein Pflanzengedächtnis in die Welt der Esoterik verbannen.

Für den Fortschritt in der Wissenschaft mußte der behaarte Zweizahn, Bidens pilosus L., seine Blätter herhalten. Und das im zarten Alter von einigen Tagen und noch dazu die ersten Keimblätter! Kaum hat der Zweizahn angefangen zu

wachsen, bildet er die beiden Keimblätter symmetrisch angeordnet rechts und links vom Stengelansatz, sie wirken wie die beiden schmalen Flügel eines kleinen Flugzeugs. Seinen Hang zur Symmetrie wollten die Wissenschaftler sich zunutze machen. Als Werkzeug wählten sie eine Nadel, eines der beiden Keimblätter durchstachen sie viermal. Fünf Minuten nach dieser Tortur wurden beide Keimblätter abgeschnitten. Der Zweizahn wuchs weiter, als ob nichts geschehen wäre. Einige Tage nach Versuchsbeginn schnitten die Franzosen auch die Spitze des Zweizahns ab. Die Reaktion der Pflanze darauf war bekannt: Da sie momentan nicht weiter senkrecht in die Höhe wachsen konnte, setzte sie zunächst ihr Wachstum in die Breite fort, dort, wo ursprünglich die beiden Keimblätter gewesen waren. Dann hatte der Zweizahn neunzehn Tage Ruhe zum Weiterwachsen. Am zwanzigsten Tag kamen die Wissenschaftler, ausgerüstet mit sämtlichen Instrumenten zum Vermessen der neu gewachsenen Blätter. An der Stelle, wo einst die beiden Keimblätter gewesen waren, hatte der Zweizahn sein Prinzip der Symmetrie durchbrochen: Auf der Seite, an der das Keimblatt mit Nadelstichen malträtiert worden war, hatte er jetzt ein deutlich kleineres Blatt gebildet als an der unverletzten Seite. Der Zweizahn hatte sich an jene fünf Minuten in der Vergangenheit erinnert, in denen das unverletzte Keimblatt ruhig weiterwachsen konnte, während sich das verletzte Blatt um seine Wunden kümmern mußte. Nur fünf Minuten vergingen damals zwischen den vier Nadelstichen und dem Abschneiden beider Blätter!
Der behaarte Zweizahn erfüllte den Traum aller Wissenschaftler: Er reagierte immer wieder gleich und erfüllte so die wichtigste Voraussetzung für die weltweite wissenschaftliche Anerkennung, er lieferte reproduzierbare Ergebnisse. Etwa 1000 (!) Zweizähne mußten sich die Nadelstiche gefallen lassen, bis die französischen Pflanzenphysiologen wag-

ten, der staunenden Fachwelt von seinem Gedächtnis zu berichten, ohne die zuständigen Organe dafür benennen zu können. Bevor der behaarte Zweizahn aus der Familie der Korbblütler mit seinen beständigen Resultaten für die Veröffentlichung ausgewählt wurde, haben die fleißigen Franzosen 100 000, in Worten: einhunderttausend, Pflanzen verschiedener Arten mit Nadeln durchstochen, ihre Blätter und Triebe abgeschnitten, wieder wachsen lassen und die Größe der neugewachsenen Blätter vermessen. Sämtliche Pflanzen zeigten ähnliche Reaktionen, sie konnten sich also erinnern, aber keine Pflanze war so beständig wie der Zweizahn.

Als wir einen der im Umgang mit der Nadel versierten Professoren, Michel Thellier von der Universität Rouen, fragten, ob er glaubt, daß die Pflanzen sich noch an ganz andere Erlebnisse erinnern könnten, reagierte er panisch: »Um Gottes Willen, Pflanzen sind doch keine Menschen mit Seele und Verstand! Wir machen hier doch keine Science-Fiction-Geschichten, wir untersuchen streng wissenschaftlich den Zweizahn! Unsere Versuche haben mit Poesie nichts zu tun. Die harten wissenschaftlichen Fakten sind doch faszinierend genug, alles, was darüber hinausgeht mit Gefühlen und so, ist doch nur Esoterik. Und das zieht die Wissenschaft runter. Ja, Pflanzen haben ein Erinnerungsvermögen, aber das darf man nicht mit unseren menschlichen Fähigkeiten verwechseln.«

Sicher, Pflanzen sind eben nur Pflanzen und erleben in den Labors ganz andere Dinge als die Wissenschaftler selbst. Zum Beispiel noch einmal der Zweizahn. Nicht immer mußte er Nadelstiche hinnehmen, manchmal ließen die Wissenschaftler eine konzentrierte Salzlösung auf eins seiner Keimblätter tropfen oder schirmten es gegen Licht ab. Der Zweizahn erinnerte sich auch daran, es mußte nicht immer das Trauma der Verletzung sein, wie das Wissenschaftlerteam selber in seiner Publikation betonte.

Die beharrlichen Pflanzenphysiologen untersuchten aber nicht nur das Erinnerungsvermögen allgemein, sondern überprüften auch, ob Pflanzen über ein differenziertes Kurz- und Langzeitgedächtnis verfügen, Begriffe und Fähigkeiten, die man sonst eher dem Menschen zuschreibt. Dazu mußte der Zweizahn wieder die vier Nadelstiche an einem seiner Keimblätter hinnehmen. Nach 15 Minuten wurden dann beide Keimblätter je viermal durchstochen. Zwanzig Tage später stand das Ergebnis fest: An der Stelle, wo die zwei Keimblätter abgeschnitten worden waren, wuchsen zwei gleichgroße neue Blätter. Das bedeutet, daß für den Zweizahn die 15 Minuten zwischen den beiden Verletzungen zu kurz waren, er konnte sich später nicht mehr erinnern, daß er an einem Blatt zweimal und am anderen nur einmal verletzt wurde. In Erinnerung blieb lediglich, daß er an beiden Keimblättern verletzt worden ist, folgerichtig machte er auch keinen Unterschied, als die beiden neuen Blätter wuchsen, er blieb seinem Prinzip der Symmetrie treu.

Nun wollten die Wissenschaftler herausfinden, wieviel Zeit der Zweizahn braucht, sich eine einseitige Verletzung so im Gedächtnis einzuprägen, daß die zweite Verletzung der beiden Blätter das erste Ereignis nicht mehr aus der Erinnerung der Pflanze löscht: Er braucht etwa 10 Stunden, um später aus der Erinnerung heraus zwischen beiden Ereignissen, also einseitiger und doppelseitiger Verletzung, unterscheiden zu können. Mit unzähligen solcher Versuche konnten die Pflanzenphysiologen zeigen, daß später im Experiment immer asymmetrische Blätterpaare wuchsen, wenn mehr als 10 Stunden Pause zwischen den Verletzungen lagen.

Fazit: Der Zweizahn hat ein eher schwaches Kurzzeitgedächtnis und ein gutes Langzeitgedächtnis und dies trifft – mit kleinen Schwankungen – für alle Pflanzen zu. Obwohl Pflanzen weder Gehirn noch Nervensystem besitzen, können sie sich doch an Ereignisse aus ihrer »Kindheit« erinnern.

Es ist ein Wunder, daß Wissenschaftler all diese Experimente überhaupt begonnen haben. Genauso wundersam ist es allerdings, daß die Frage, an was die Pflanzen sich sonst noch erinnern, nicht erlaubt ist und sofort als Esoterik abgestempelt wird. Vor den Experimenten mit dem Zweizahn und Nadelstichen wäre die Frage, ob Pflanzen sich überhaupt an irgend etwas erinnern können, ja auch ins Reich der Fabeln und Märchen verbannt worden. Solange wir nicht verstehen können, wie das bewiesene Erinnerungsvermögen der Pflanzen funktioniert, wo und wie welche Informationen gespeichert werden, ist es sogar unseriös anzunehmen, daß die pflanzlichen Fähigkeiten, sich an etwas zu erinnern, beschränkt sind auf Nadelstiche und Tropfen einer konzentrierten Salzlösung. Leider verspricht dieses Forschungsgebiet keine schnellen Profite, da eine kommerzielle Anwendung nicht in Sicht ist. Es handelt sich um eine Grundlagenforschung, die wenig bis gar nicht gefördert wird.

Müssen wir nicht aus den bisherigen Ergebnissen folgern, daß der Wald ein Gedächtnis besitzt für einen harten Winter, für ein Feuer, für die Axthiebe des Mannes aus Oregon, der mit der Kommunikationsfähigkeit der Bäume experimentiert? Und daß diese Erinnerungen sowohl kollektiv als auch individuell gespeichert sind, gerade wenn das Langzeitgedächtnis der Pflanzen besonders ausgeprägt ist? Wir haben bislang nur eine ungefähre Ahnung, wie das Gedächtnis des Menschen, seine Gefühle, seine Kommunikationsfähigkeit funktionieren. Das muß ja bei den Pflanzen nicht gleich oder ähnlich ablaufen. Es ist sogar sehr wahrscheinlich, daß die Natur für die Pflanzen völlig andere Möglichkeiten der Kommunikation und des Erinnerungsvermögens und vermutlich für vieles mehr zur Verfügung gestellt hat. Das größte Hindernis sind bei all diesen Fragen die Grenzen des

Denkens, die die vom Wissenschaftssystem und ihrem jeweiligen Kulturkreis geprägten Forscher sich selbst im Kopf setzen.

Das wissenschaftliche Vorgehen erlaubt ja eigentlich nur, von Bekanntem ausgehend die Pflanzen zu erforschen. Die Versuchsanordnung wird von Menschen erdacht, die noch dazu mit einer bestimmten Erwartungshaltung die Experimente durchführen. Somit sind eine Vielzahl von Versuchen von vornherein zum Scheitern verurteilt. Ein Beispiel: Bekanntlich werden Intelligenztests, die an Kindern vorgenommen werden, immer nur den Kindern relativ gerecht, die in dem kulturellen und sozialen Umfeld aufgewachsen sind, aus dem die Fragen stammen. Ein Eskimokind, das in seiner Sprache über 25 Wörter für die Farbe ›weiß‹ kennt, scheitert nicht an einem in Deutschland entwickelten Intelligenztest an der Zuordnung von Farben und geometrischen Figuren, weil es dumm ist, sondern weil die Fragen, die über seine Intelligenz Auskunft geben könnten, überhaupt nicht gestellt werden. Es ist also durch uns selbst vorprogrammiert, daß wir die falschen Fragen stellen, dadurch selbstverständlich ›falsche‹ Antworten erhalten und das daraus entwickelte falsche Gesamtbild für richtig halten. Dies betrifft auch unser Bild von den Pflanzen.

Salto rückwärts in der Evolution

Basel, Schweiz
London, Großbritannien

Der Tip, nach Basel zu fahren, um erstaunliche Phänomene der Pflanzenkommunikation zu sehen, kam aus der Ecke der Parapsychologen. Die erste Überraschung war die Adresse, an die wir verwiesen wurden: Ciba-Geigy, eine der führenden Firmen der Chemiebranche weltweit. Die zweite Überraschung war, daß wir ohne das übliche Tauziehen die Erlaubnis der Kommunikationsabteilung des Chemiemultis erhielten, nicht nur mit dem wissenschaftlichen Mitarbeiter, der die Versuche durchführt, zu sprechen, sondern auch gleich ins Labor gelassen zu werden. Von Stacheldraht, mit dem sich die Chemiebranche üblicherweise nach außen hin absichert, war nichts zu bemerken, ein freundlicher Pförtner erklärte den Weg übers Firmengelände bis zu dem Gebäude, wo unser Gesprächspartner, Heinz Schürch, bereits auf uns wartete: »Was wir hier machen, ist ein Salto rückwärts in der Evolution, bei Pflanzen und Fischen.«

Aus seinem Schreibtisch holt er einen Stapel von Unterlagen und Fotos und zeigt uns Bilder, auf denen merkwürdig ausschauende Pflanzen zu sehen sind, Urformen von Weizen und Mais. Der ›Weizen‹ ist nicht aufgerichtet, wie unser heutiger Weizen, sondern kriecht am Boden entlang, nur die Spitze des Halms mit den Ähren ragt etwa zwanzig Zentimeter in die Höhe. Nie hätten wir die Pflanze auf den Fotos als Weizen identifiziert. Der Mais sieht schon eher wie unsere heutigen Maispflanzen aus, er ist allerdings viel kleiner und hat nicht die ein, maximal zwei, großen Maiskolben, wie wir sie kennen, sondern bis zu acht kleine Kolben, die an mehreren Stellen sternförmig aus dem Stengel herauswachsen. Die Sensation dabei ist, daß diese merkwürdigen Pflanzen aus Körnern der heute üblichen Weizen-und Maissorten gewachsen sind. Während wir immer wieder auf die kleinen Maiskolben blicken, gehen uns sämtliche Märchen und Schilderungen von den alten Alchemisten durch den Kopf, wohl wissend, daß wir das Jahr 1991 schreiben und in Basel, einer der Hochburgen der modernen Chemie, sind. Einer Hochburg allerdings mit Winkeln und kleinen Nischen.

Ein Rundgang durchs Labor bringt des Rätsels Lösung. Hier in dieser Nische wird weder Alchemie noch Gentechnologie betrieben, sondern Heinz Schürch experimentiert mit Pflanzen und elektrostatischen Feldern, mit Spannungsfeldern, wo kein Strom fließt. Der elektrische Stromfluß würde ja eine direkte biochemische Veränderung verursachen, was aber im elektostatischen Feld nicht passieren kann. Die Versuchsanordnung ist denkbar einfach: Zwischen zwei Aluminiumplatten, an denen Gleichstrom angeschlossen ist, werden für drei Tage die Weizen- und Maiskörner zum Keimen gelegt, um anschließend wie jede andere Pflanze im Topf oder im Gewächshaus weiterzuwachsen. Diese drei Tage zu Beginn des Keimens unter dem Einfluß eines elektrostatischen Feldes reichen aus, um die Urformen unserer heutigen Pflanzen zu erhalten. Heinz Schürch: »Elektrostatische Felder sind ordnende Felder. Die Natur kommt aus dem Chaos und braucht ordnende Strukturen, damit sich etwas manifestiert. Das ist der Ansatzpunkt. Unsere Versuche zeigen erfolgreich, daß ein bestimmtes elektrostatisches Feld eine bestimmte Ordnung in die Natur bringt. Wir sind noch lange nicht soweit, daß wir die Gesetzmäßigkeiten kennen würden, wir können also nicht sagen, durch welche Feldstärke wir in der Evolution um wieviel Jahrhunderte oder Jahrtausende zurückgehen. Wir können noch nicht einmal erklären, wie das genau passiert. Unsere Theorie ist, daß Pflanzen im elektrostatischen Feld eine Information erhalten, die sie veranlaßt, sich zurück zu einer ursprünglichen Form zu entwickeln. Der Weizen zum Beispiel erinnert sich daran, daß er einmal eine Grasart war. In Peru kann man heute noch eine vergleichbare Grasform unseres hochgezüchteten Weizens finden.«

Wir sind völlig verblüfft von dem, was wir sehen und hören. Fragen über Fragen. Heinz Schürch erzählt, wie all diese Experimente als Folge einer Beobachtung entstanden sind. Sein Chef, Dr. Guido Ebner, heute Mitglied der Direktion des Ciba-Geigy-Konzerns, wurde vor etwa zwanzig Jahren beauftragt, eine Liste von zukunftsweisenden möglichen Entwicklungen auf dem Pharmasektor zu erstellen. Er kam auf zwanzig Punkte. Der damalige Forschungsleiter war von einer der Ideen besonders fasziniert: Die Entwicklung eines Herzschrittmachers, der nicht in den Körper des Patienten eingepflanzt werden muß, sondern einfach wie eine Armbanduhr am Handgelenk getragen werden kann. Ebner erhielt sofort den Auftrag, mit seiner Forschung zu beginnen. Damals kam er auf die Idee, tierische Gewebeproben, die sich in einem elektrostatischen Feld befanden, elektrischen Impulsen auszusetzen. Bei diesen Versuchen fiel ihm auf, daß die Gewebeproben viele unerwartete Reaktionen zeigten, die bis dahin unbekannt waren. Er konnte die selbst gestellte Aufgabe zwar lösen, der Chemiekonzern war aber nicht bereit, das Herzschrittmacherprojekt weiterzuverfolgen, Begründung: »Wir machen Chemie und nicht Elektronik«. Ebner kann bis heute nicht verstehen, warum seine Firma nach dem Motto ›Schuster bleib bei deinem Leisten‹ verfahren ist. Die Idee aber, mit dem elektrostatischen Feld lebendige Zellen zu beeinflussen, war geboren, und die Firma erlaubte ihm, auf diesem Gebiet weiterzuforschen. Da Dr. Ebner selbst an einem schweren Herzleiden erkrankte, führt sein Mitarbeiter Heinz Schürch die Experimente heute weiter.

Das Gespräch mit ihm bewegt sich jenseits der abgesicherten wissenschaftlichen Grenzen. Theorien werden diskutiert, Annahmen müssen getroffen werden, um überhaupt mal im Gespräch weiterzukommen. Es dauert Stunden, bis wir uns langsam durch die ganze Materie vorgetastet haben. Auch vor der Ciba-Geigy-Kantine, in der Schweiz vornehm ›Personalrestaurant‹ genannt, geht die Diskussion ununterbrochen weiter. Wegen des warmen Sommerwetters speisen viele von der Belegschaft draußen unter Bäumen in der Parkanlage. Gegrillte Würstchen und Fleischspieße, ein kaltes Buffet mit Salaten, Getränke, das Ganze wirkt mehr wie eine Gartenparty – im Herzen eines Chemiemultis. ›Change‹, also Veränderung, ist die Parole der Konzernspitze seit einigen Jahren. Das schlägt sich nicht nur beim Mittagessen nieder, sondern auch in der erstaunlichen Tatsache, daß die kleine Forschungsgruppe, in der Schürch arbeitet, eine ›Spielwiese‹ erhielt, um neue Forschungsrichtungen auszuloten.

Im Labor werden uns wieder Aktenordner mit den Unterlagen vergangener Versuchsreihen gezeigt. Man ist mit Schweizer Akribie vorgegangen. Auch die Inhaltsstoffe des neuen-alten Weizens sind untersucht worden, man fand neue Eiweißsorten, die vom ursprünglich eingesetzten Weizen nicht gebildet werden. Der im elektrostatischen Feld gezogene Weizen brachte in der letzten Phase seines Wachstums außerdem völlig unerwartet einen neuen Trieb, der innerhalb von vier Wochen zur vollen Reife kam: »Bei unserem Weizen verlief dieses Wachstum so schnell, daß er in vier Wochen statt der üblichen sieben Monate hochkam. Wobei man sagen muß, daß Halm und Ähren etwas kleiner sind, dafür gibt es aber mehr Ähren pro Pflanze. Der eigentliche Vorteil ist aber, daß wir diesen Weizen in Gegenden mit kurzem Frühjahr und Sommer anbauen könnten, wo der herkömmliche Weizen gar nicht wachsen kann. Auch auf die üblichen Pestizide, Herbizide, kann man bei unserem Weizen verzichten, die Schädlinge, die sich dem Wachstumsverlauf des normalen Weizens angepaßt haben, sind noch nicht entwickelt, wenn wir unseren Weizen nach bereits vier bis acht Wochen ernten. Die Situation ist doch heute, daß wir nur noch vier Sorten von Weizen haben, bei denen das Wesentliche ist, daß es sich um Hybridsorten handelt, der Bauer also nicht einen Teil seiner Ernte für die nächste Aussaat benützen kann. Diese vier Weizensorten brauchen außerdem große Pflege, Dünger, Pestizide, Herbizide, also eine Vergiftung nach der anderen in der Natur. Ein weiterer Vorteil unseres Weizens ist, daß die Keimungsrate der Saatkörner wesentlich höher ist.«

An dieser Stelle wird uns schlagartig klar, was die Versuche eigentlich bedeuten und zu welchen Konsequenzen sie führen. Im Verlauf der letzten Jahrhunderte wurden sämtliche Kulturpflanzen immer nur auf ihre Größe und Schönheit hin gezüchtet, die wenigen Sorten, die heute übriggeblieben sind, sind extrem krankheitsanfällig und pflegebedürftig. Die Arten, durch die man wieder Gesundheit und Widerstandsfähigkeit einkreuzen könnte, sind längst ausgestorben. Jetzt könnten wir durch die Ciba-Geigy-Methode eine zweite Chance in der Evolution erhalten. Im Gedächtnis der Natur sind die Wildtypen unserer Kulturpflanzen gespeichert, und es scheint möglich zu sein, sie wieder gezielt zum Leben zu erwecken, um mit neuen Kreuzungen die Fehler der Vergangenheit zu korrigieren. Ob diese Perspektive für Ciba-Geigy-Maßstäbe ein zuviel an ›Change‹ bedeutet, wird die Zukunft zeigen, die Widersprüche sind aber bereits heute vorhanden. Die Chemische Industrie lebt bislang gut von ihren Agrogiften, die morgen überflüssig würden. Außerdem hat sie in den letzten dreißig Jahren aus marktstrategischen Überlegungen heraus die Saatgutfirmen aufgekauft und durch den jährlichen Verkauf der Hybridsorten an die

Bauern ihre Profite langfristig gesichert. Warum sollte sie also ihr eigenes Monopol brechen durch die Entwicklung einer Methode, die viele in die Lage versetzt, gesunde, neue Kulturpflanzen zu züchten? Das Projekt, mit elektrostatischen Feldern bei der Entstehung eines neuen Lebewesens einen Salto rückwärts in der Evolution zu ermöglichen, wird also für Ciba-Geigy zum Prüfstein für das propagierte und längst überfällige ›Change‹ der Chemischen Industrie. Wird das Projekt zu einem Alibi auf Sparflamme, das irgendwann in der Versenkung verschwindet? Wird eine Forschungsrichtung, die für die Menschheit und die Natur unermeßlich viel bedeuten könnte, in Zukunft unterdrückt, um die eigenen kurzfristigen Interessen zu wahren, werden also die Hardliner der Firma gewinnen oder gelingt der Führungsspitze des Konzerns die Weichenstellung zum nächsten Jahrtausend hin, indem dieses Projekt seiner Bedeutung entsprechend ausgeweitet wird?

Diese Diskussion ist unterschwellig innerhalb des Konzerns angelaufen, die erste Variante läuft übers Ignorieren. Firmeneigene Wissenschaftler haben sich bereits geweigert, überhaupt das Labor zu betreten, um die neuen Pflanzen selbst zu sehen. Hartnäckig hält sich auch das Gerücht, die ganzen Versuche seien reiner Humbug, nach dem bekannten Motto, was nicht sein darf, kann auch nicht sein: »Innerhalb der Firma werden unsere Ergebnisse teilweise ignoriert, die ersten Weizenversuche machten wir 1986, jetzt, fünf Jahre später, findet das Ganze langsam Akzeptanz. Offensichtlich gibt es große Schwierigkeiten, sich mit diesem neuen Erscheinungsbild in der Natur vertraut zu machen. Es scheint doch so zu sein, als ob der Mensch Pflanzen hochkultiviert hat, die die Natur nicht unbedingt bejaht. Mit unseren Versuchen zeigen wir eine Reaktion der Natur, die dem widerspricht, was wir an der Universität gelernt haben. Ich weiß da ein lustiges Beispiel. Wir haben unsere Ergebnisse in der

Firma mal bekanntgemacht. Da sind ungefähr zwölf Biologen gekommen, haben den Urweizen begutachtet und lange ungläubig davorgestanden. Einzelne fanden das auch toll. Dann kamen Einwände, daß wir die Körner verwechselt hätten. Als wir zeigen konnten, daß dies aufgrund der Versuchsanordnung unmöglich war, herrschte wieder Schweigen. Mit all ihren Unterlagen waren die Biologen auch nicht in der Lage, unseren Weizen zu bestimmen. Als ihre Bücher geschrieben wurden, war dieser Weizen ja längst ausgestorben. Auch ein anderer Wissenschaftler, der die Aufgabe hatte, eine Philosophie der Medizin der Zukunft zu entwerfen, ist mal zu mir ins Labor gekommen. Er hatte gehört, daß bei uns Untersuchungen laufen, wie sie anderswo nicht üblich sind. In unserer Firma arbeiten wir ja auch an der Heilung von Krebs durch Lichttherapie. Der Mann interessierte sich für unsere Vorstellungen von der Beeinflussung biologischer Systeme über Elektrofelder im Hinblick auf die Heilung von kranken Zellen.« Immer wieder fragen wir nach, an was für einem Projekt dieser Wissenschaftler arbeitet, doch Heinz Schürch bleibt wortkarg. Deshalb sind wir nicht in der Lage herauszufinden, ob die Gerüchte stimmen, die wir lange vor unserem Gespräch mit Heinz Schürch gehört hatten, daß nämlich bei Ciba-Geigy ein Projekt unter dem Decknamen ›Medizin 2000‹ läuft, in dem Heilungsmethoden untersucht werden, die bis heute im Bereich des Okkulten angesiedelt sind.

Wie in allen Labors der Welt, wird auch in Heinz Schürchs Labor ständig Kaffee getrunken. Nach der dritten Tasse seit dem Mittagessen bittet er uns, mitzukommen zum Mikroskop, er will uns etwas Besonderes zeigen, was Pflanzenkommunikation anbelangt. Vorsichtig nimmt er eine abgedeckte, durchsichtige Plastikschale, in der auf dem Boden etwas Grünes liegt. Die Schale wird unter dem Mikroskop hin- und hergeschoben, um den richtigen Bildausschnitt einzustellen. Schürch nickt zufrieden: »Ja, hier ist es. Diese Schale halte ich seit drei Jahren geschlossen. Was Sie hier unten sehen, sind die sogenannten Vorpflanzen eines Urfarns, den wir wesentlich länger als den Weizen oder den Mais, etwa für einen Monat, im elektrostatischen Feld gezogen haben. Bevor ich Ihnen von unserem eigentlichen Farnversuch erzähle, wollte ich Ihnen unter dem Mikroskop diese Vorpflanzen zeigen, mit deren Hilfe sich der Farn fortpflanzt. Wie Sie wissen, wird pro Blatt nur eine Vorpflanze, in der wissenschaftlichen Sprache Protallium genannt, geschlechtsreif. Die anderen fallen auf den Boden und verfaulen. Nicht so aber die Vorpflanzen von unserem Urfarnversuch. Die bauen sich eine Art Leitungsnetz und wenn genügend zusammengeschaltet sind, schafft es immer wieder eine Vorpflanze, doch noch geschlechtsreif zu werden, wie genau, wissen wir nicht. Jetzt schauen Sie mal durchs Mikroskop, achten Sie auf die Leitungen!« Es dauert eine Zeitlang, bis unsere Augen sich an das Mikroskop gewöhnt haben, dann sehen wir die winzig kleinen Vorpflanzen, die auf einer Art grünem Teppich wachsen. Zwischen den herzförmigen Vorpflanzen, die um ein mehrfaches ihrer eigenen Körpergröße voneinander entfernt sind, haben sich hauchdünne, silbrigglänzende, gerade Kanäle gebildet. Das Erstaunliche dabei war die genaue Ausrichtung: Auf dem kürzesten direkten Weg geht immer von der Blattspitze nur ein Kanal treffsicher kerzengerade zur nächsten Vorpflanze. Die Verbindungskanäle zwischen den einzelnen Vorpflanzen sehen wie Pipelines oder wie Telefonleitungen aus, die wie von Ingenieurshand auf dem Zeichenbrett entworfen worden sind, unter der Berücksichtigung, Material zu sparen; sie verknüpfen stets auf dem kürzestmöglichen Weg die Vorpflanzen miteinander. »Ich habe in der wissenschaftlichen Literatur keine Angaben über diese Fäden gefunden. Nach vielen Versuchen bleibt mir nichts anderes übrig als anzunehmen, daß sie als Übermittler von Informationen zwischen den Vorpflanzen dienen. Welche Informationen da fließen, kann ich Ihnen nicht sagen. Ob da ein Stoffaustausch über eine Art Rohrleitungssystem stattfindet oder auf eine andere Art Informationen ausgetauscht werden, weiß ich leider nicht. In einem Punkt bin ich aber absolut sicher. Auch dem Bau dieser Leitungen muß eine Art Kommunikation zwischen den Vorpflanzen vorausgegangen sein, denn wie sonst sollen die Vorpflanzen genau wissen, in welche Richtung sie die Leitungen bauen müssen. Die wußten genau, wo die anderen Informationsträger waren. Für mich steht außer Zweifel, der Aufbau eines derartigen Leitungssystems geht auf keinen Fall ohne Kommunikation.« Es dauert ziemlich lange, bis wir uns vom faszinierenden Bild des Informationsnetzes der Vorpflanzen trennen können.

Noch rätselhafter und geheimnisvoller ist der Farnversuch selbst verlaufen. Die geschlechtsreife Vorpflanze eines herkömmlichen Wurmfarns entwickelte sich nach der Behandlung im elektrostatischen Feld völlig unerwartet: Es wuchs eine andere Farnsorte heran, aus einem Wurmfarn mit seinen gefiederten Blättern war ein Hirschzungenfarn mit rund zulaufenden, zungenartigen Blättern entstanden. Da die Wissenschaftler ganz ähnliche Blattabdrücke von Farnen aus uralten Steinkohleablagerungen kannten, bezeichneten sie den alten-neuen Ciba-Geigy-Farn als Urfarn. Farne gehören zu den ältesten Pflanzen der Erde überhaupt, auch deshalb wurden sie für die Versuche ausgesucht. Als Schürch klar geworden war, daß hier eine völlig andere Farnpflanze entstanden war, ließ er ihre Sporen von Botanikern untersuchen – das Aussehen von Sporen ist eines der Hauptmerkmale für die Klassifizierung von Pflanzen: »Es gibt ja auch heute den Hirschzungenfarn, dessen Sporen sind aber von unserer Pflanze verschieden, sie haben eine ganz andere Maserung. Wenn in der Botanik derartige verschiedene Sporen vorhanden sind, muß es sich um eine andere Pflanzenart handeln.« Heinz Schürch besorgte sich einen ›modernen‹ Hirschzungenfarn aus dem Wald und fuhr mit beiden Pflanzen zu Farnspezialisten am Botanischen Institut in Zürich. Statt einer möglichen Erklärung stieß er auf ungläubiges Kopfschütteln, die Wissenschaftler erklärten, daß die Änderung einer Pflanzenart durch ein elektrostatisches Feld ausgeschlossen sei. Was für unmöglich gehalten wurde, ging noch weiter. In den folgenden Jahren bildete die Pflanze jedes Jahr andere Blätter aus: »Es sieht so aus, als wenn wir durch die Behandlung im elektrostatischen Feld einen Urfarn gekriegt hätten, der sich in den kommenden vier Jahren mehr und mehr daran erinnerte, daß er aus einem Wurmfarn entstanden ist. Jedes Jahr sahen die Blätter anders aus, anscheinend hat der Farn die gesamte Evolution in seinem Wachstum durchlaufen. Selbstverständlich haben wir seine neuen Sporen alle untersucht, sie waren gleich. Aus ihnen entstanden aber völlig verschiedene Farne. Wir erhielten Wurmfarne, Buchenfarne, eine Art südafrikanischer Lederfarne, normale Hirschzungen- und eine Art Hirschzungenfarn, die wir nicht eindeutig einordnen konnten. Offenbar war unser Urfarn in der Lage, praktisch sämtliche Farnsorten zu entwikkeln. Die größte Überraschung kam für uns bei der Chromosomenuntersuchung. Der Wurmfarn hatte 36 Chromosomen, der Hirschzungenfarn aber 41 – in der ganzen wissenschaftlichen Literatur wurde noch niemals von der plötzlichen Änderung der Chromosomenzahl, die ja für eine Art charakteristisch ist, berichtet.« Völlig verrückt kam dem Laborteam auch ihre Entdeckung vor, daß der Ciba-Geigy-Farn jeden Tag gegen Abend Duftstoffe abgab, denn Farne produzieren normalerweise keine derartigen Stoffe.

Besondere Bedeutung bekommen die Ciba-Geigy-Farnversuche auch dadurch, daß viele Farnarten vom Aussterben bedroht sind. In Deutschland zum Beispiel sind bereits die

Hälfte aller vorkommenden Farnarten gefährdet, vom Aussterben akut bedroht sind über zwölf Prozent. Die Farne als Relikte längst vergangener Erdzeitalter und versunkener Welten reagieren nämlich besonders sensibel auf die zunehmenden Umweltbelastungen.

Wir diskutierten die verschiedensten Möglichkeiten, warum elektrostatische Felder derartige Urformen der Pflanzen verursachen können. Für Heinz Schürch liegt eine der Möglichkeiten zur Erklärung darin, daß früher die Erdatmosphäre eine ganz andere Zusammensetzung hatte als heute. Die Gewittertätigkeit war viel stärker, und es kam immer wieder zu ganz anderen elektrischen Feldern in der Erdatmosphäre: »Es könnte sein, daß wir in dem Moment, wo wir ein bestimmtes elektrostatisches Feld nehmen, auf ein Programm der Evolution aus einer Zeit zurückgreifen, wo diese Felder überwiegend geherrscht haben. Dies ist reine Theorie. In dem Moment, wo ich mit einem schlichten elektrostatischen Feld, wie es die Natur auch kennt, einen Chromosomensatz ändern kann und immer wieder längst ausgestorbene Urformen von Lebewesen erhalte, muß ich zwingend ein Fragezeichen dahintersetzen, ob die gesamten Informationen für die Formgebung der Lebewesen wirklich in den Genen, in der DNA, im Zellkern gespeichert sind. Dies ist wohl nicht der Fall, denn die elektrostatische Aufladung der Atmosphäre ist sicher mit ein Faktor in der Gesamtinformation der Natur, welches Lebewesen eigentlich entstehen soll. Und offensichtlich reicht das Gedächtnis der Natur bis zu den Anfängen des Lebens überhaupt zurück.«

Er kündigt uns an, daß wir gleich quicklebendig die ältesten Lebewesen der Erde unter dem Mikroskop sehen werden und schiebt eine Schale mit einer weißlichen kristallinen Masse unter das Mikroskop. Während er an der geeigneten Einstellung arbeitet, erfahren wir, daß die Probe aus dem Innern eines Bohrkerns stammt, der in 140 Meter Tiefe aus einer zweihundert Millionen Jahre alten Rheinsaline entnommen wurde. Unter dem Mikroskop sehen wir bizarre Kristallformen, aus denen kleine Fädchen herausragen, Lebewesen, die vor der unvorstellbar langen Zeit von zweihundert Millionen Jahren entstanden sind. Die ›Fädchen‹ sind Pilze, die im Labor unter dem elektrostatischen Feld wieder aktiviert, zum ›Leben erweckt‹ wurden. Die Versuche, die Pilze aus dem Bohrkern ohne elektrostatisches Feld wiederzubeleben, schlugen alle fehl. Wir hatten an diesem Tag schon viele Merkwürdigkeiten erlebt, aber der Anblick dieser so unendlich viel älteren Lebewesen als wir relativierte bis zur Lächerlichkeit jeden Gedanken an den Menschen als Krone der Schöpfung. Das Gefühl, diese uralten Pilze lebendig zu sehen, läßt sich nur mit dem zugegebenermaßen altmodischen Wort von der Ehrfurcht vor der Allmächtigkeit der Natur beschreiben.

Auf die Idee, überhaupt nach Leben im Bohrkern aus der Saline zu suchen, war das Ciba-Geigy-Team durch eigene Versuche mit Bakterien, die in extrem salzhaltigem Wasser leben, gekommen. Dabei hatten die Forscher erkannt, daß es möglich war, im Salzkristall eingeschlossene, inaktivierte Bakterien unter dem elektrostatischen Feld wieder zum aktiven Leben zu erwecken. Obwohl die Bakterien durch die Salzkristalle rundherum von der Außenwelt abgeschlossen waren und dadurch keine Möglichkeit der Nahrungsaufnahme hatten, schafften sie es doch, sich sogar in einer Kaverne im Innern des Salzkristalls zu vermehren. Wenn in einem Kristall zwei komplett voneinander getrennte Kavernen waren, dauerte es nicht allzulange, bis die Bakterien einen Kanal durch den Kristall von einer Kaverne zur anderen bauten. Ein weiteres, erstaunliches Phänomen, das ohne Kommunikation zwischen den Bakterien durch das Kristall hindurch ausgeschlossen ist. Die Bakterien zapften die andere Kammer zielgenau auf dem direktesten Weg an.

Plötzlich legt Heinz Schürch eine Patentschrift auf den Tisch, es handelt sich um die einzige Veröffentlichung des Chemiekonzerns, in der die neue Forschungsrichtung überhaupt erwähnt wird. [17] »Nicht daß Sie glauben, wir beschäftigen uns hier mit nutzlosen Kuriositäten. Unsere Firma ist darauf angewiesen, Geld zu verdienen. Uns ist es bereits gelungen, ein Verfahren mit dem elektrostatischen Feld bis zum Patent zu entwickeln. Und dieses Patent wird die Fischzucht zum Positiven verändern. Selbstverständlich wollten wir unser Verfahren nicht nur bei Pflanzen, sondern auch bei Tieren ausprobieren. Wir hatten aber von der Direktion den strikten Befehl erhalten, auf keinen Fall Versuche durchzuführen, die einen Eingriff in die Keimbahn von Tieren bedeuten würden. Mir war diese Anweisung sehr recht, ich würde solche Experimente nie machen. Deshalb kamen wir auf die Idee, Eier der Regenbogenforelle von der Befruchtung an vier Wochen lang im elektrostatischen Feld zu halten. Als im Verlauf der Entwicklung die Augen sichtbar wurden, setzten wir die Brut in andere Behälter und zogen sie ganz normal groß. Und schauen Sie an, was daraus geworden ist.« Er zeigt uns Fotos von Fischen, die Laien gar nicht als Regenbogenforellen identifizieren könnten. Die Form von Kopf und Körper ist viel kräftiger, uriger. Sie haben wesentlich mehr Zähne als die uns bekannten Forellen und auch eine andere Farbe. Bei ausgewachsenen männlichen Tieren ist der Unterkiefer wie bei Wildlachsen vorn zu einem mächtigen Haken ausgebildet. Schürch erzählt uns, daß auch das Verhalten dieser Tiere im großen Becken wild und aggressiv ist. Das Gitter am Beckenrand mußte man erhöhen, weil die Fische wesentlich höher sprangen als die normalen Forellen, die vorher im Becken waren. »Wir dachten erst schon, wir hätten da kleine Haifische gezüchtet. Dann identifizierte die Fischuntersuchungsstelle der Eidgenossenschaft in Bern unsere Fische als eine Urform der Forellen, die bereits vor 150 Jahren praktisch ausgestorben war. Gott sei Dank gab es noch alte Zeichnungen, auf denen diese Urforellen abgebildet waren.«

Das Fleisch der Fische – so versichert uns Schürch – ist nicht nur viel fester als bei den uns bekannten Regenbogenforellen, es schmeckt auch viel besser, wie »bei richtigen Fischen«. Die Tiere sind wesentlich weniger anfällig Krankheiten gegenüber, bei der Züchtung kann daher auf die Zugabe von Antibiotika und Pestiziden ins Wasser weitgehend verzichtet werden. Ciba-Geigy kooperiert bereits mit dem Fischinstitut einer schottischen Universität, dort soll die Methode auch auf andere Fischarten angewandt werden. Die Fischindustrie ist an der neuen patentierten Methode stark interessiert, in Schottland und Norwegen, den Hauptländern des ›Aquafarmings‹, hat die Käfighaltung von Fischen im Meer schon ganze Küstengewässer mit Chemiegiften und Medikamenten verseucht. Ein weiterer Vorteil ist die hohe Schlupfrate der Jungfische von über 90 Prozent.

Aufgrund der Erfahrungen mit den Pflanzen, mit Bakterien, Pilzen und den Fischen steht für Heinz Schürch heute fest, daß das Ciba-Geigy-Team mit den elektrostatischen Feldern eines der Grundprinzipien entdeckt hat, wie die Natur die elektromagnetischen Wellen, die jedes Lebewesen auf der Erde umgeben und durchdringen, als einen bestimmenden Faktor bei der Entstehung von Lebewesen nützt. Die elektromagnetischen Wellen bringen zusätzliche Informationen, die zusammen mit den gespeicherten Lebensinformationen in den Genen die Form des neuen Lebewesens bestimmen. Bei Ciba-Geigy werden schon Witze darüber gemacht, daß man mit Hilfe des elektrostatischen Feldes wohl demnächst darangehen könnte, die Dinosaurier wieder zum Leben zu erwecken, was theoretisch möglich erscheint. Heinz Schürch: »Ja, spaßeshalber sage ich, am liebsten würde ich einen kleinen Dinosaurier herstellen. Aber das ist nur Spaß, ich werde das nicht versuchen, davor habe ich Scheu, man kann doch einen Dinosaurier nicht kontrollieren. Die Natur hat uns in die Hand gespielt und uns ein System gezeigt, das sie selbst zur Informationsübermittlung benützt. Ich habe Ehrfurcht vor der Schöpfung. Natürlich wäre das Studium von Dinosauriern für uns sehr interessant. Diese Versuche würden nicht mal unter das Keimbahnverbot fallen, denn wir müßten mit Vogeleiern experimentieren, da die Vögel die Nachfahren der Dinosaurier sind. Bei der Entwicklung eines menschlichen Embryos sehen wir, daß in den menschlichen Genen die Gesamtinformation der Evolution gespeichert ist, was die Biochemie anbelangt. Es ist anzunehmen, daß in den Genen bestimmter Vogelarten, die die Nachfahren der Dinosaurier sind, genau wie beim Menschen, der Gang der Evolution gespeichert ist. Wir bräuchten lediglich die richtigen Elektrofelder zu ermitteln, deren Information zusammen mit den Informationen in den Genen der Vögel die Form der Dinosaurier ergibt. Nur woher kommen die Informationen in den Elektrofeldern? Was ist das ordnende Prinzip, das hinter diesen Feldern steht? Da müßten Sie vielleicht Rupert Sheldrake, den Naturphilosophen und Botaniker aus London, fragen. Es würde mich sowieso interessieren, was der zu unseren Experimenten meint.«

Die Idee, Dinosaurier zum Leben zu erwecken, ist faszinierend und abstoßend zugleich. Der Chemiekonzern Ciba-Geigy hat es nicht vor, aber eines Tages wird jemand dazu bereit sein und es tun, wenn es denn möglich ist. Vor allem, wenn es um ›wissenschaftliche‹ Sensationen geht, das zeigt die Geschichte, machen die Menschen alles, es ist nur eine Frage der Zeit.

Das Dinosauriersyndrom steckt uns noch tagelang nach unserem Gespräch mit Heinz Schürch in den Knochen. Seinen letzten Gedanken, mit Rupert Sheldrake zu sprechen, nehmen wir auf und besuchen den achtunddreißigjährigen Wissenschaftler in London-Hampstead, einer trendig-feinen Adresse am Rande der Hauptstadt. Dr. Rupert Sheldrake, gelernter Biochemiker und Pflanzenexperte, gilt heute als New-Age-Philosoph, der seit zehn Jahren an seiner neuen Theorie über das Gedächtnis der Natur arbeitet. Die Bewertungen seiner Arbeiten schwanken zwischen ›wichtigste wissenschaftliche Theorie seit Darwin‹ und ›Spitzenkandidat für eine Bücherverbrennung‹. Was die Konservativen im Wissenschaftsbetrieb so verbittert, ist seine Grundthese, daß das Kollektive Gedächtnis jeder einzelnen Art von Lebewesen in sogenannten ›morphogenetischen Feldern‹ gespeichert ist. In diesen Informations- und Gedächtnisfeldern der Natur – so postuliert er – sind nicht nur alle Informationen über die äußere Form der Lebewesen gesammelt, sondern auch ihr Verhalten und ihre Ergebnisse durch Lernen und Anpassung an neue Situationen. Die Evolution erklärt er durch die Informationsübermittlung von einer Generation eines Lebewesens zur nächsten durch die ›morphische Resonanz‹, die jenseits unseres Vorstellungsvermögens ohne zeitliche und räumliche Begrenzung funktioniert. Miteinander verwandte Organismen und deren Strukturen sind durch die morphische Resonanz mit den Strukturen und Erfahrungen ihrer Vorfahren gekoppelt und entwickeln sich so gemäß dem Kollektiven Gedächtnis ihrer Art. Sheldrake geht davon aus, daß die morphogenetischen Felder nicht elektromagnetischer Natur sind, nimmt aber an, daß sich morphogenetische und elektromagnetische Felder – wie auch immer – gegenseitig beeinflussen.

Für Beweise und Gegenbeweise seiner Theorie wurden bereits mehrfach Preise ausgesetzt.[18] Den ersten Preis für die Bestätigung seiner Theorie erhielten Forscher einer amerikanischen Universität. Sie untersuchten mit Hilfe von Wörtern aus der Bibel, ob es wirklich leichter ist, Wörter einer für die Testpersonen unbekannten Sprache zu erkennen, weil andere Menschen diese Sprache beherrschen und durch deren gesammelte Erfahrungen ein Resonanzfeld mit entsprechenden Informationen existiert und die Testpersonen miterfassen müßte. Studenten, die über keinerlei Hebräischkenntnisse verfügten, wurden 80 Wörter aus einer hebräischen Bibel vorgelegt. 40 Wörter wurden in der richtigen Schreibweise dargeboten, die anderen 40 Wörter in durcheinandergewürfelter Form als Buchstabenkombinationen, die aber für jemanden, der Hebräisch nicht spricht, wie hebräische Wörter aussahen. Die Hälfte der echten hebräischen Wörter kommt mehr als 500 Mal in der Bibel vor, die andere Hälfte weniger als 20 Mal. Die Studenten mußten Vermutungen über die Bedeutung der Wörter anstellen und abschätzen, wie sicher sie sich ihrer Annahmen waren. Den Forschern, die den Test konzipiert hatten, kam es nicht darauf an, ob die Studenten per Zufall die richtige Bedeutung erraten würden. Sie wollten herausfinden, ob das Vertrauen der Studenten zu den eigenen Annahmen bei den drei Gruppen von Wörtern, den Richtigen, die oft vorkommen, den Richtigen, die selten vorkommen und den Erfundenen unterschiedlich groß war. Die Ergebnisse des Versuchs zeigten in der Tat, daß die Studenten ihren Vermutungen größeres Vertrauen schenkten, wenn sie die richtigen hebräischen Wörter vor sich hatten. Das Vertrauen in die Richtigkeit war doppelt so groß, wenn es sich um die häufig in der Bibel vorkommenden Begriffe handelte. Entsprechende Ergebnisse liegen auch mit der persischen Sprache vor und einem ›richtigen‹ und ›falschen‹ Morsealphabet.

Als wir Rupert Sheldrake in seinem Londoner Haus von den Ciba-Geigy-Experimenten erzählen und dazu die obligate Tasse Tee trinken, ist er gerade von einer langen USA-Reise zurückgekehrt. Alles ist noch im Chaos, die Post stapelt sich auf dem Boden vor dem Schreibtisch, Freunde rufen an, Journalisten bitten um Interviewtermine, er muß mit seiner

Frau, einer Wissenschaftlerin, logistische Probleme lösen, sie beendet als Schlußrednerin eine große Konferenz in England, er soll sie eröffnen, was passiert in der Zwischenzeit mit den beiden kleinen Kindern? Unser Gespräch in seinem kleinen Arbeitszimmer wird andauernd unterbrochen. Kein Zweifel, Rupert Sheldrakes Meinung ist ebenso gefragt, wie sie bei vielen seiner Naturwissenschaftlerkollegen, die sämtliche Erbinformationen in den Genen vermuten, verhaßt ist. Die Ciba-Geigy-Versuche findet er überraschend, weil noch niemand derartig gezielt über elektrische Informationen Lebewesen zurück zu ihren Ursprüngen ›verändert‹ hat. Der Atavismus, das sich Zurückbesinnen der Pflanzen und Tiere auf ihre ursprüngliche Form, paßt gut in sein Konzept der morphogenetischen Felder: »Ich interpretiere solche Atavismen als eine Form der morphischen Resonanz, es gibt ein Gedächtnis, das sich an die ursprüngliche, längst vergangene Form erinnert. Wir sprechen über Lebewesen, die seit Millionen von Jahren auf der Erde existieren und erst seit wenigen Jahrtausenden, wie beim Weizen und Mais, und bei den Fischen erst seit wenigen Jahrhunderten, vom Menschen in eine bestimmte Richtung gezüchtet wurden. Die morphischen Felder ihrer Vorfahren sind wesentlich stärker als die der hochgezüchteten Formen. Um die Pflanzenversuche verstehen zu können, benötigt man ein morphogenetisches Feld, das ein ordnendes Feld der Natur ist. Für mich sind elektromagnetische Felder nicht die Ursache einer Veränderung, sondern der Ausdruck der Veränderung. Das steuernde morphogenetische Feld liegt also hinter dem elektromagnetischen. Mein Schatten hier im Zimmer zeigt genau meine Bewegungen an, sie wollen mir aber doch sicher nicht sagen, daß er meine Bewegungen verursacht. Was die Kommunikation der Pflanzen anbelangt, so meine ich, daß die heute lebenden Pflanzen durch die morphische Resonanz nicht nur rund um die Erde mit anderen Pflanzen kommunizieren können, sondern ihnen steht auch die gesamte Erfahrung ihrer Art zur Verfügung, seit es sie auf der Erde gibt. In diesem Sinn ist die morphische Resonanz sowohl eine Datenbank der Natur, als auch ein umfassendes Kommunikationssystem.«

Als Beispiel für diese umfassende Form der Pflanzenkommunikation, an der nicht nur sämtliche heute lebenden Individuen einer Art teilnehmen, sondern auch deren Vorfahren, die in längst vergangener Zeit auf der Erde lebten, führt er eins der erstaunlichsten Phänomene an, das die Natur hervorgebracht hat. Er ärgert sich ein bißchen über sich selbst, daß ihm dieses Beispiel erst jetzt wieder eingefallen ist und nimmt sich vor, es für eins seiner zukünftigen Bücher zu benutzen. Genüßlich erzählt er die Geschichte vom chinesischen Bambus mit ihren paradoxen Aspekten, die ihm noch aus seinen Botanikertagen an einem College, bei Sheldrake war es selbstverständlich Cambridge, vertraut ist. Es ist eine Geschichte wie die aus den Grimmschen Märchen von der schlafenden Prinzessin, die nach hundertjährigem Schlaf vom Prinzen wachgeküßt wird.

Eine Bambuspflanze mit dem schönen lateinischen Namen Phyllostachys bambusoides blühte in China im Jahre 999 nach Christus.[19] Seit diesem Jahr, aus dem zum ersten Mal genaue Aufzeichnungen über seine Blüte vorliegen, hat der Bambus seit beinahe tausend Jahren ohne sich je zu irren nur alle 120 Jahre einmal geblüht und Samen getragen. Wo immer auf der Erde diese Bambussorte wächst, folgt sie demselben hundertzwanzigjährigem Zyklus. In den sechziger Jahren blühte dieser Bambus vorläufig das letzte Mal, er blühte gleichzeitig überall dort, wohin man ihn von China aus im Laufe der Geschichte gebracht hatte. Nun beobachteten Wissenschaftler, wie der Bambus gleichzeitig in Japan, England, den USA und Rußland blühte und begann, das erste Mal seit hundertzwanzig Jahren Samen zu tragen. Die

Pflanzen waren in der Zwischenzeit nicht etwa inaktiv gewesen, Bambus gehört zu den Grassorten, die sich asexuell über neue Sprosse im Boden ohne Befruchtung von außen vermehren können. Generationen dieser Bambussorte wachsen heran und sterben, ohne je Blüten getragen zu haben. Wenn es dann endlich wieder soweit ist mit der Blüte, kommt die traurige Pointe: Der Bambus, der die Blüten wieder tragen darf, stirbt unmittelbar nach der Entwicklung seiner Samen ab. Wie aber kann der Bambus die Jahre von einer Blüte, die nicht einmal seine eigene, sondern die seiner Vorfahren war, bis zu seiner Blüte zählen? Woher haben die Pflanzen in den verschiedensten Ländern dieselbe Information, zu einer bestimmten Zeit zu blühen? Wie schaffen sie es, dann wirklich synchron zu blühen und Samen zu entwickeln?

Rupert Sheldrake interpretiert den außergewöhnlichen Rhythmus der Bambusblüte als Kommunikation zwischen den Pflanzen durch morphische Resonanz, in der die Zeit von 120 Jahren für diese Bambusart gespeichert ist: »Ich nehme an, daß der Biorhythmus der Pflanzen, ja sogar die täglichen Zyklen, auf morphischer Resonanz beruhen. Der hierfür immer wieder benutzte Ausdruck der ›inneren biologischen Uhr‹ ist ein derartig mechanistischer Begriff, wie man ihn sich mechanistischer gar nicht vorstellen könnte. Es bedarf wohl nicht der Erklärung, daß keine Pflanze mit einer Quarzuhr samt Wecker und Datum ausgerüstet ist. Das gesamte Phänomen biologischer Rhythmen, des täglichen Öffnens und Schließens der Blätter, das auch in totaler Dunkelheit stattfindet, bis hin zu solch extremen Beispielen wie der chinesischen Bambusblüte interpretiere ich so, daß die heute lebenden Pflanzen aus der ›Datenbank‹ morphischer Resonanz den Rhythmus der Pflanzengenerationen vorher abrufen. Man kann es auch so formulieren, daß das Gesamtgedächtnis der Pflanzen aus der Vergangenheit das Leben der heutigen Pflanzengenerationen bestimmt. Für mich steht außer Zweifel, daß eine Kommunikation zwischen Pflanzen genauso wie zwischen anderen Lebewesen rund um die Erde stattfindet. Wir sind auf Spekulationen, auf konventionelle oder eben auf unkonventionelle Theorien angewiesen, wenn wir die Frage stellen, wie die Kommunikation vor sich geht. Was die Kommunikation zwischen Menschen und Pflanzen anbelangt, Millionen von Briten verstehen sofort, was Sie meinen. Es sind Gärtner, Menschen, die sich zu Hause liebevoll mit ihren Pflanzen beschäftigen, wir nennen sie die Leute mit den grünen Fingern, die eine sehr spezielle, wie ich meine, kommunikative Beziehung zu den Pflanzen haben. Sicher keine Wissenschaftler, bei ihnen steht die Wissenschaft als Barriere zwischen Mensch und Pflanze. Es wird noch sehr lange dauern, bis wir in der Lage sind, die Kommunikation der Pflanzen zu dekodieren. Es bedürfte eines ziemlichen Anlaufs, um zu verstehen, wie es so ist, ein Tannenbaum zu sein. Wenn wir die Gedanken, die Psyche einer Pflanze, ihr seelisches Innenleben kennenlernen wollen, erhalten wir wahrscheinlich die besten Hinweise durch die psychedelischen Effekte, die manche Pflanzen auslösen, wenn Menschen sie einnehmen. Die Folge sind unglaubliche, für Nichteingeweihte verwirrende Visionen. Was aber sind nun diese Visionen? Sind sie bloß ver-rückte Gedankengänge im menschlichen Gehirn verursacht durch chemische Substanzen? Das wäre die Standardtheorie, die Chemietheorie. Oder findet dort dadurch, daß von der Pflanze hergestellte chemische Stoffe Pforten der Wahrnehmung öffnen, eine Art Kommunikation zwischen einem menschlichen Wesen und dem Reich der Pflanzen statt? Ich nehme die zeremonielle Verwendung von diesen pflanzlichen Rauschmitteln bei den Schamanen ernst, und ich kenne ernstzunehmende Leute, die damit arbeiten und durchaus bestätigen, daß mit Hilfe dieser speziellen Pflanzen der

Mensch in der Lage ist, einen Einblick in das Seelenleben der Pflanzen und die Kommunikation mit ihnen zu erhalten.«

Kapitel III: Bäume als Antennen zum Universum

Dialog mit dem Jenseits

Frankfurt/Main, Deutschland

Weinberger hatte sich wieder gemeldet, schon diverse Male in diesem Jahr. Diesmal konnte seine Stimme laut und deutlich empfangen werden. Das ist nicht selbstverständlich, denn es handelte sich nicht um ein Telefongespräch zwischen Frankfurt und irgendeinem Ort in Amerika.
»Weinberger«, sagte die Stimme. Dann die Frage seines Gesprächspartners, ob man Pflanzen als Antennen oder Verstärker jenseitiger Signale einsetzen könne. Weinbergers deutlich verständliche Antwort lautete: »Große Pflanzen«.
Die beiden, die da miteinander redeten, hatten sich nie zuvor gesehen. Ihr Gespräch war kurz und endete abrupt. Erst als Weinberger sich das nächste Mal wieder meldete, konnte die Anschlußfrage gestellt werden: »Braucht man eine spezielle Energie, um mit Pflanzen zu kommunizieren?« Weinbergers Antwort kam in gewohnter Knappheit: »Selbstverständlich!«
›Große Pflanzen‹, also vermutlich Bäume, überlegte der Mann, und schaute grübelnd auf das Radio neben seinem Tonbandgerät. Er hatte das Gespräch mitgeschnitten. Mit wem aber hatte er geredet? Wer hatte geantwortet, als er das erste Mal die Frage nach den Pflanzen als mögliche Antennen stellte? Wer also war Weinberger?
Da der Gesprächspartner aus Frankfurt an systematisches Arbeiten gewöhnt war, begab er sich an eine Literaturrecherche, und wurde fündig: Julius Weinberger hieß der bis

dato Unbekannte, ein amerikanischer Ingenieur, der 1941 begonnen hatte, Botschaften ›von der anderen Seite‹ mit Hilfe elektronischer Apparate zu empfangen. In der Tat hatte Weinberger auch mit Pflanzen zu tun gehabt, konnte also seinen Rat, ›große Pflanzen‹ als Antennen zu nutzen, auf fundiertes Wissen stützen, er hatte früher selbst mit Pflanzen kommuniziert. Allerdings: Julius Weinberger aus Amerika war längst verstorben. Das aber war für den Mann aus Frankfurt wenig überraschend. Dr. Vladimir Delavre ist anerkannter Experte für Transkommunikation, für Gespräche mit Verstorbenen oder, grundsätzlicher formuliert, für Kontakte mit ›anderen Existenzebenen‹, Gespräche zwischen Diesseits und dem, was man gemeinhin als Jenseits bezeichnet. Sein Name ist kein medialer Künstlername, er ist wirklich französisch-russischer Abstammung, geboren in Rumänien, noch dazu in Transsylvanien, der Heimat des sich vor Kreuz und Knoblauch fürchtenden Dracula. Aus politischen Gründen emigrierte die Familie Delavre vor vielen Jahren nach Deutschland, und Dr. Delavre übt hier erfolgreich einen bürgerlichen Beruf aus, er ist Facharzt für Gynäkologie mit eigener Praxis in Frankfurt.

In seiner Freizeit beschäftigt er sich mit Fragen der Grenzwissenschaften: Parapsychologie, Paraphysik, außerirdischen Intelligenzen, Wechselwirkungen zwischen Bewußtsein und physikalischen Systemen und eben der ›apparativen Transkommunikation‹. Während einige Personen, in der Bundesrepublik werden es übrigens immer mehr, die sogenannten Transkontakte, also Kontakte zu Verstorbenen, über medial begabte Personen suchen, wird die apparative Transkommunikation mit Hilfe von Apparaten durchgeführt, mit Radios, Tonbandgeräten, Fernsehern, Computern und vielem mehr.

Wir sind zu Dr. Delavre nach Frankfurt gefahren, um mehr über den mysteriösen Weinberger und seine eigenen Erfahrungen mit der Pflanzenkommunikation zu erfahren. Zuerst warnt er uns: »Experimentelle Transkontakte sind wie andere PSI-Experimente nicht immer ungefährlich. Das gleiche gilt für den Umgang mit selbstgebastelten elektronischen Geräten. Transkontakte können auch zu psychischen Belastungen führen, denen nicht jeder gewachsen ist. Seelisch labile Personen sollten daher generell darauf verzichten.« Wir konnten ihn in diesem Punkt beruhigen, bei Interviews hatten wir bislang unsere Probleme nicht mit Verstorbenen, sondern mit sehr real existierenden Industriemanagern und Politikern.

Dr. Delavre hat einige Backster-Pflanzenexperimente erfolgreich durchgeführt, die Pflanzen reagieren auf ihn. Er ist sich sicher, daß seine Beziehung zu den Pflanzen ausschlaggebend ist: »Pflanzenkommunikation ist eigentlich eine Kommunikation mit unserem Bewußtsein. Sehr viele Menschen können sich dies nicht vorstellen, aber so gut wie alle sind dazu fähig. Alle Dinge, die wir Menschen bewußt wahrnehmen, sind Dinge, zu denen wir eine Beziehung entwickeln, dadurch entsteht ein mentales Bild in uns. Wenn diese Wahrnehmung mit einer Absicht, zum Beispiel Kommunikation, verbunden ist, wird unsere Wahrnehmung intensiver. Es ist m e i n e Pflanze, nicht irgendein beliebiges Objekt am Rande meines Wahrnehmungsfeldes.« Pflanzen sind für ihn Individuen. Weil er eine persönliche Bindung zu einzelnen Pflanzen entwickelt hat, »passiert es, daß sie auf meine Intention reagieren. Meine Absicht kann ich verbal oder in Form von Gedanken äußern. Leute, die Pflanzen für ein Laborobjekt halten, bekommen keine Ergebnisse. Eine Beziehung zu einer Pflanze zu entwickeln, läuft genauso wie zu einem Menschen, einigen Personen fällt das leichter als anderen.«

Die Idee, daß die Natur beseelt ist, geht für ihn zurück bis zu Johann Wolfgang Goethe, der zeitlebens nicht nur Dichter war, sondern auch nach den ›verborgenen Kräften‹ der Natur forschte. Auf seinen berühmten Italienreisen setzte er sich intensiv mit der Welt der Pflanzen auseinander und versuchte, ihrem Geheimnis auf die Spur zu kommen. Für Goethe hatten Pflanzen als Teil der Natur eine Seele. Noch deutlicher wird der deutsche Physiker Gustav Theodor Fechner, er schrieb in der Mitte des neunzehnten Jahrhunderts ein Buch über das ›Seelenleben der Pflanzen‹ und vermutete damals bereits aus dem Bewußtsein heraus, daß der allgegenwärtige, allwissende Gott nichts auf dieser Welt von seiner Gnade ausschließt, keinen Stein, kein Kristall, keine Welle, keine Pflanze, daß eine allumfassende Naturkommunikation existiert. Dr. Delavre: »Wenn man davon ausgeht, daß die Natur ein beseeltes Wesen ist, muß man wohl folgern, daß sie kommuniziert und daß wir Menschen mit der Natur, zum Beispiel mit Pflanzen, auch eine Kommunikation in Gang bringen können.«

Eine besonders eindrucksvolle Bestätigung für die Wichtigkeit der gefühlsmäßigen Verbundenheit mit dem pflanzlichen Kommunikationspartner sind für ihn die Versuche des berühmten russischen Parapsychologen Venjamin Puschkin, die unter exakten wissenschaftlichen Bedingungen in der Sowjetunion durchgeführt wurden.[20] Puschkin hatte in den siebziger Jahren vergeblich versucht, Cleve Backsters Experimente zu wiederholen. Darum entschloß er sich, mit Hypnose zu arbeiten, um die gewünschte emotionale Kopplung zwischen Experimentator und Pflanze zu erreichen. Unter Hypnose wurde Versuchspersonen suggeriert, sie seien selbst eine Topfpflanze, genau die Topfpflanze, die in etwa einem Meter Entfernung auf dem Tisch stand. Dann suggerierte Puschkin den Versuchspersonen diverse positive und negative Gefühle, während parallel dazu die elektrischen Signale der Pflanze gemessen wurden. In über 300 verschiedenen Versuchen mit 24 Personen konnten synchrone

Pflanzenreaktionen auf die unter Hypnose eingegebenen Gefühle und Gedanken der Versuchspersonen gemessen werden. Puschkins Kollegen reagierten skeptisch, ihre Einwände liefen darauf hinaus, daß es sich nicht um den Beweis für eine physikalisch nicht erklärbare neue Kommunikationsform zwischen Mensch und Pflanze handele, die gemessenen Pflanzenreaktionen seien vielmehr hervorgerufen worden durch Temperaturänderungen der Testperson wegen ihrer emotionalen Erregtheit und durch chemische Ausdünstungen der Testpersonen im Verlauf der starken positiven und negativen Gefühle, der sie unter Hypnose ausgesetzt waren. Diese Einwände konnte Puschkin zunächst nicht von der Hand weisen, aus dem Mund der Kritiker klangen sie berechtigt. Daher dachte er sich eine neue Versuchsanordnung aus. Diesmal stellte er zwei Pflanzen vor die Versuchspersonen, ihre hypnotische Suggestion bezog sich aber nur auf eine der beiden Pflanzen. Es stellte sich in wiederholten Versuchen als Ergebnis heraus, daß in der Tat nur die Pflanze mit elektrischen Signalen reagierte, in die sich die jeweilige Versuchsperson hineinversetzt hatte, womit die Einwände der Kritiker widerlegt waren, denn auf biochemische Einflüsse und Temperaturänderungen hätten ja beide Pflanzen gleich reagieren müssen.

Das Gespräch mit Dr. Delavre ist außerordentlich spannend, er schöpft aus einem beachtlichen Reservoir an Wissen, zitiert bei Bedarf beliebig von Goethe bis Einstein. Nicht weniger beeindruckend ist sein Haus, die Einrichtung mit vielen alten Möbeln und anderen Antiquitäten strahlt eine Art gesamteuropäische Tradition aus, eine Verbindung von Ost- und Westeuropa. Sehr glaubwürdig betont er, Kosmopolit zu sein. Und dann zeigt er uns den Raum der Räume, das kleine Zimmer, von dem aus er Kontakt mit dem Jenseits aufnimmt. Der ganze Raum besteht nur aus Elektronik im Wert von über hunderttausend Mark. Er hat einfach alles, was für Transkontakte gebraucht wird, vom Mischpult bis zu Empfängern, Generatoren, Oszillograph, Antennen, Tonbandgeräte, Verstärker und elektronische Meßgeräte aller Art. Hier sitzt er bis spät in die Nacht hinein und sucht mit Hilfe seiner elektronischen Apparate den Kontakt zu Personen aus einer anderen Realität. Wenn der erste Kontakt hergestellt ist, beginnt der spannende Teil der Transkommunikation. Er stellt Fragen und bekommt Antworten aus dem Äther, manchmal benutzt er dazu seinen Weltempfänger, manchmal seinen Fernseher. Fragen und Antworten nimmt er auf Cassetten auf, so sind alle Gespräche protokolliert. Auf unsere Bitte spielt er uns noch einmal die Weinberger-Cassette vor. Die Antwort auf seine Frage nach den geeigneten Pflanzen als Antennen zum Universum hören wir wieder deutlich und auf Deutsch: »Große Pflanzen!« Anscheinend hat ein Amerikaner wie Weinberger im Jenseits keine Fremdsprachenprobleme mehr. Wir diskutieren mit dem Frankfurter Gynäkologen über die Lyrik des Magnolienbaums von Joe Sanchez aus Long Beach. Fachkundig erklärt er uns, daß es sich da um Transkommunikation handeln muß, weil bei diesen Experimenten ein Zufallsgenerator die Auswahl der Wörter bestimmt, wenn eine Spannungsänderung vom Baum kommt, und Zufallsgeneratoren gehören zu den elektronischen Geräten, die Personen aus dem Jenseits oder aus anderen Ebenen der Existenz die Kommunikation mit dem Diesseits ermöglicht.

Für Dr. Delavre steht die Verbundenheit aller Dinge im Mittelpunkt: »Die scheinbare Isoliertheit von Phänomenen und Objekten hat nur etwas mit unserer Art der Wahrnehmung zu tun. Wir können, was das Materielle anbelangt, unser Augenmerk immer nur auf ein Detail eines Objektes richten. Was das Immaterielle, das Mentale, betrifft, ist es gleich, wir können auch dort nur einzelne Aspekte in unserem Kopf behandeln, deshalb sehen wir die Dinge immer isolierter, als sie wirklich sind. Es gibt in der Quantenphysik Belege dafür, daß alles, was einmal miteinander verbunden war, auch immer verbunden bleibt. Wenn man annimmt, daß der Kosmos durch den Urknall entstanden ist, also ursprünglich alles eins war, dann muß alles, was heute existiert, immer noch miteinander verbunden sein, und zwar auch durch die Kommunikation, die mit elektromagnetischen Wellen und Lichtgeschwindigkeit gar nichts zu tun hat. Auch der zeitliche Ablauf, die Zeit, ist eine Illusion. In der materiellen Existenz, die wir hier als biologische Wesen haben, erleben wir alles, was geschieht, als nacheinander geschehend. Die Zeit ist aber nur ein Sinneseffekt. Es handelt sich dabei nur um eine künstliche Ordnung, die der Funktion unseres Gehirns entspricht. Die dahinterstehende Ordnung ist, daß alle Informationen verbunden und uns zugänglich sind. In der Religion sagt man, der Mensch ist das Ebenbild Gottes. Das bedeutet genau dasselbe, wie wenn ich sage, wir sind verbunden mit dem Kosmos. Auch die entferntesten Galaxien nehmen das Leiden eines Schmetterlings auf der Erde wahr. Wir können uns nur nicht vorstellen, daß auf einer anderen Existenzebene alles zusammen, auf einmal, erlebbar ist.«

Der Ruf der großen alten Bäume

Als wir über die Golden-Gate-Brücke fahren, versinkt San Francisco hinter uns im Nebel. Nur die Wolkenkratzer der Innenstadt ragen über die milchigweiße Nebelbank hinaus. Von Alcatraz, der berüchtigten Gefängnisinsel in der Bucht von San Francisco ist nichts zu sehen, einzig über Sausalito, einer Künstlersiedlung für gehobene Ansprüche und Geldbörsen auf malerischen Hausbooten, scheint noch die Sonne. Wir sind unterwegs nach Norden auf dem berühmten kalifornischen Highway Nr. 1, einer der schönsten Straßen der Welt, die entlang der Pazifikküste bis hinunter nach Süden zur mexikanischen Grenze reicht. Die Wüsten haben wir hinter uns gelassen, jetzt ist die Landschaft hügelig und grün und je weiter wir nach Norden fahren, desto ausgedehnter werden die Waldgebiete. Hinweisschilder am Straßenrand belehren uns nicht nur, daß Autofahrer Gott ehren sollen, ›Praise the Lord‹ oder Amerika sauberhalten müssen, ›keep this country tidy‹, sondern geben uns auch den Hinweis, daß wir nun zum ›Russian River‹, dem Russischen Fluß, kommen. Was es mit einem russischen Fluß mitten in Amerika auf sich hat, bleibt unklar, bis plötzlich die Stadt Sebastopol vor uns liegt, Sebastopol, als wär's auf der Krim in Rußland. Beim Sandwicheinkauf stellt sich heraus, daß die Stadt wirklich auf russische Ursprünge zurückgeht: Sebastopol war einer der frühen Handelsposten des großen russischen Reiches an der amerikanischen Westküste, so erhielt auch der Russische Fluß seinen Namen.
In der Nähe von Sebastopol, in einem Holzhaus mitten im Wald am Ende einer Schotterstraße treffen wir Dorothy Maclean, Mitbegründerin des Zaubergartens von Findhorn,

die auf einer Vortragsreise kreuz und quer durch die USA unterwegs ist. Sie wollte uns nicht abends bei ihrer Lesung in San Francisco treffen, sondern lieber in Ruhe reden, weil »die Botschaft der großen alten Bäume zu wichtig ist für ein hastiges Gespräch in der Stadt«.

Dorothy hatte zusammen mit zwei anderen Personen zwischen 1962 und 1973 in Findhorn, hoch oben an der Nordküste Schottlands, gelebt und dort ein weltweit bestauntes Wunder vollbracht. Das Leben – Dorothy würde sagen der Glaube – hatte die Drei, Eileen und Peter Caddy und eben Dorothy Maclean, an den unwirtlichen Sandstrand mit dem rauhen schottischen Klima geführt. Sie waren ihrer inneren Stimme gefolgt, sie hatten ihre bürgerlichen Berufe aufgegeben, und beschlossen, ein neues Leben anzufangen, eben in jenem schottischen Strand- und Dünengebiet. Sie besaßen kein Geld, wohnten in einem Wohnwagen zusammen mit den drei kleinen Kindern von Peter und Eileen, und nur ihr Glaube hinderte sie daran, die Flucht zu ergreifen. Um zu überleben, mußten sie einen Gemüsegarten anlegen, ohne gärtnerische Erfahrung, ohne Erde, nur auf Sand, in einem Gebiet, wo sonst nur Ginster und Gras dem Regen und den Stürmen trotzen konnten.

Dorothy hatte seit vielen Jahren in ihren Meditationen – andere würden sagen in ihren Gebeten – Eingebungen erhalten, nach denen sie ihr Leben ausrichtete. Der mehr praktisch orientierte Peter, der sich hauptsächlich um den Gemüsegarten kümmerte, bedrängte Dorothy, ihre Fähigkeiten zu nutzen, um Anweisungen für den Garten zu erhalten. Er war verzweifelt, kaum hatte er den Sandboden mit Seetang ›gedüngt‹, kamen mit den ersten Sprößlingen Schädlingsplagen, die die ganze Arbeit vernichteten. Deshalb bestand er darauf, daß Dorothy in ihren Meditationen mit den Naturgeistern Kontakt aufnahm, um Hilfe zu bekommen. Dorothy empfing die Anweisung, den Garten in wirklicher Zusammenarbeit anzulegen, die gesamte Energie aller drei Personen auf den Garten zu lenken und dabei auch an die Naturwesen, die höheren Naturgeister, wie zum Beispiel die Geister der Wolken, des Regens und der verschiedenen Gemüsearten, zu denken. Gegen diese Anweisung hatte Peter nur einzuwenden, daß sie für seine konkreten Probleme zu unspezifisch klang, er wollte wissen, warum der Kopfsalat und das Gemüse eingingen. So beschloß Dorothy trotz erheblicher Zweifel, erst einmal ganz unten auf der praktischen Ebene zu beginnen, bevor sie sich mit dem Geist der Wolken auseinandersetzte. Weil Erbsen ihr Lieblingsgemüse waren, setzte sie sich neben die Erbsen im Garten auf den Boden, versetzte sich in den Naturgeist der Erbsen und empfing unmittelbar danach ihre erste Botschaft aus dem Reich der Pflanzen: »Ich kann zu dir sprechen, Mensch. Ich bin ganz und gar geleitet von meiner Arbeit, die geplant und festgelegt ist, und die ich lediglich zum Ziel bringe. Du hast mich im Bewußtsein erreicht. Mein Werk liegt klar vor mir; die Kraftfelder sind da, um es zur Manifestation zu bringen, ungeachtet der Hindernisse – und es gibt deren viele auf dieser Welt der Manifestation. Ihr denkt beispielsweise, daß Schnecken für mich eine größere Bedrohung darstellen als der Mensch, aber das ist nicht so, Schnecken sind Teil der Ordnung der Dinge, und das Gemüsereich hegt keinen Groll gegen die, die es ernährt. Der Mensch aber nimmt soviel er kann als selbstverständlich; er kennt keinen Dank – was uns dann eigentümlicherweise eine feindliche Haltung einnehmen läßt. Die Menschen scheinen allgemein nicht zu wissen, was sie tun und warum. Wüßten sie darum – was für ein Kraft-Werk wären sie dann! Wären sie auf dem geraden Wege dessen, was zu tun ist, könnten wir mit ihnen zusammenarbeiten. Ich habe dir meine Meinung dargelegt und sage nun Lebewohl.«[21]

Von diesem Tag an nahm Dorothy täglich mit allen Geistern

des Gartens Kontakt auf und erhielt präzise Anweisungen, die sie dann ausführten. Bereits am Ende der ersten Saison konnten die Drei aus Findhorn Tomaten, Gurken, Spinat, Rüben, Spargel und viele andere Gemüsesorten ernten. Die Nachbarn, die nichts von Dorothys Informationen aus dem Reich der Pflanzengeister wußten, begannen über den Garten zu reden. Im Verlauf weniger Jahre wurde daraus der ›Zaubergarten von Findhorn‹, der von diversen Agrarexperten nicht nur aus Großbritannien bestaunt und untersucht wurde mit immer demselben Fazit, daß dort eigentlich gar nichts wachsen könne, während Hunderte von Pflanzen und Bäumen, sogar exotische Blumen, überaus gut gediehen und besonders groß wurden, dem rauhen Klima zum Trotz.

Nach und nach wurde Findhorn weltberühmt, immer mehr Menschen kamen und blieben, nicht nur für Wochen, sondern für Jahre. Findhorn entwickelte sich zum New-Age-Treffpunkt mit Workshops, angeschlossenem College und Gruppenarbeit im Garten, der nicht mehr im Zentrum des neuen Findhorn steht. Nachdem die drei Gründer ihre Arbeit in Findhorn als vollendet ansahen, gingen sie fort. Heute wird in Findhorn zwar mit Pflanzen meditiert, aber es ist niemand mehr da, der von den Pflanzengeistern Anweisungen erhält.

Dorothy Maclean kehrte in ihre Heimat Kanada zurück und widmete sich ausschließlich dem Spirituellen. In Vorträgen und Workshops berichtet sie über ihre Erfahrungen und Erkenntnisse. Sie ist eine Art moderner Wanderprediger geworden. Immer wieder wird ihr die Frage gestellt, ob ihre spezielle, geistig-meditative Form der Kommunikation mit Pflanzen auch für ›normale‹ Menschen erlernbar ist. Sie glaubt, daß jeder Mensch dazu fähig ist, unter der Voraussetzung, daß man den Pflanzen mit Offenheit und Liebe begegnet. Das sagt sie nicht nur aus Bescheidenheit ihrem eigenen Werk gegenüber, es ist ihre feste Überzeugung. Sie ist eine lebhafte und gleichzeitig abgeklärte alte Dame, die im Gespräch manchmal ganz jung wirkt. Wenn sie über ihre spirituellen Wahrheiten redet, wird sie plötzlich alterslos. Ihre Gedanken überschlagen sich aber immer wieder, sie redet schnell. In der letzten Woche hat sie sich auf der Fahrt ans Meer aus Versehen eine Autotür vor den Kopf geschlagen, deswegen die dunkle Sonnenbrille. Sie war zum ersten Mal am Meer, um mit Delphinen zu reden. Wegen ihrer Verletzung konnte sie nicht mit ihnen im Wasser schwimmen, aber auch vom Strand aus war sie in der Lage, sich mit ihrer geistigen Energie in die Delphine hineinzuversetzen. Das Prinzip der Kommunikation mit der Natur ist für sie immer gleich, man muß die Pflanze oder den Delphin oder einen Kristall zuerst kennenlernen: »Ich glaube, daß die äußere Form, zum Beispiel von einer Pflanze, Hinweise auf ihre Essenz, ihr inneres, göttliches Selbst gibt – Pilze machen häufig einen lustigen Eindruck. Ich muß die Einzigartigkeit jedes einzelnen Lebewesens spüren. Bei Pflanzen schaue ich mir ihre Form, die Blüten, Blätter, den Stengel an, ich erfahre ihren Geschmack, ihren Geruch. Dann spüre ich das Energiefeld dahinter, die Seele, ihre innere Essenz, ein intelligentes Wesen, mit dem man Kontakt haben kann. Nicht so eine kleine Fee oder so was, sondern ein planetarisches Wesen, wenn Sie wollen, der Engel dieser bestimmten Pflanzenart.« Früher hat sie den ›Engel‹ immer Deva genannt, ein Wort, das aus der indischen spirituellen Tradition entnommen ist. Engel erschienen ihr immer als besetztes Bild, rundlich mit kleinen Harfen, Deva war ein viel offeneres Bild. Aber heute, wo alle Insider über Devas reden, hat dieses Wort für sie einen so pseudomodernen Klang bekommen, daß sie zu der alten Form, den Engeln, zurückgekehrt ist. Dorothy fragte den Engel mehrerer Pflanzenarten, ob es die Pflanzen stört, daß sie gegessen werden. »Die Antworten, die ich bekam, waren ziemlich ähnlich. Die Pflanzen sagen, daß sie ihre Aufgabe erfüllen, wenn sie gegessen werden. Sie versuchen, das Beste für uns alle zu tun. Sie wissen genau über ihre Aufgaben auf diesem Planeten Bescheid und wünschen sich nur, mit Würde behandelt zu werden.«

Die wichtigste Botschaft aus dem Pflanzenreich möchte sie uns ganz besonders ans Herz legen, deswegen hat sie uns ja gebeten, zu ihr zu kommen. Es handelt sich um die großen alten Bäume. Unter den Hunderten von Botschaften, die Dorothy von der Ebene der Seelen aus dem Pflanzenreich bekommen hat, gab es nur eine Art Pflanzen, die großen alten Bäume, die sie immer wieder und mit äußerster Dringlichkeit gerufen haben. Dorothy: »Der Geist der großen Bäume ist umfassend und vornehm. Die Bäume sagen, daß sie uns Menschen als Jugendliche, als Teenager ansehen, die noch viel aus Fehlern lernen müssen, um zu wachsen und wirklich erwachsen zu werden. Sie achten die Kraft des menschlichen Willens und die Macht unserer Visionen, die es uns ermöglichen, unsere Ängste zu besiegen und eine bessere Welt zu schaffen. Jetzt rufen uns die Bäume, um des Lebens der Erde und aller Lebewesen wegen, über unser heutiges Selbst hinauszuwachsen und den Planeten zu retten. Wenn wir die großen Bäume nicht bewahren, zerstören wir die Kraft der Erde. Sie nennen verschiedene Gründe dafür, einer der wichtigsten ist, daß sie gewisse Energien aus dem Kosmos empfangen, wozu nur große, alte Bäume in der Lage sind. Sie müssen wirklich erwachsen sein, junge Bäume können diese Aufgabe nicht erfüllen, genauso wie Kinder nicht die Arbeit von Erwachsenen übernehmen können. Die Bäume sind die Haut der Erde, wenn man einen gewissen Teil der Haut zerstört, tötet man das gesamte Lebewesen. Und die Menschen vernichten die Bäume, bevor sie ausgewachsen sind. Unser Planet ist ohne große alte Bäume nicht lebensfähig. Wir brauchen die speziellen Energien, die nur sie uns geben können.«

Diese Botschaft erreichte Dorothy wieder und wieder, lange bevor sie von der Zerstörung der Regenwälder erfuhr. Das erste Mal erreichte der Ruf der Bäume sie, als sie noch am Anfang ihrer Aufgabe in Findhorn stand, und sie überhaupt nicht verstehen konnte, was die Bäume von ihr wollten. Da saß sie mitten im ziemlich baumlosen Schottland, die meisten der großen, alten Bäume dort wurden ja bereits vor Jahrhunderten für die königliche Flotte des britischen Imperiums gefällt, und hörte immerzu den Ruf der Bäume. Besonders eindringlich war der Engel der Landschaft: »Große Bäume leiten die Energien. Sie sind stets bereit, die Kräfte des Universums, die uns und unseren Planeten umgeben, zu kanalisieren. Die großen Bäume sind die Bewahrer besonders mächtiger Schwingungen, die Wächter über kosmische Energien, sie allein sind in der Lage, diese Energien in ein Energiefeld des Friedens auf der Erde umzuwandeln. Es ist kein Zufall, daß von Buddha berichtet wird, daß er seine Erleuchtung unter einem Baum fand. Laßt die Bäume Eure Liebe empfangen, bedankt Euch dafür, was sie für Euch tun.«[22]

Es war schon ein merkwürdiger ›Zufall‹, daß wir schon wieder von der Wichtigkeit der großen Bäume hörten, und zwar wieder im Zusammenhang mit den kosmischen Energien. Für den Frankfurter Gynäkologen und Transkommunikator Dr. Delavre sind die großen Bäume unsere Antennen zum Universum, für die Kanadierin Dorothy Maclean, die mit Technik überhaupt nichts zu tun hat und ausschließlich ihren spirituellen Weg geht, leiten die großen Bäume die kosmischen Energien auf die Erde. Zwei komplett verschiedene Menschen, die mit völlig verschiedenen ›Methoden‹ zur selben Erkenntnis kommen.

Beim Verabschieden überredet Dorothy uns, auf dem Rückweg nach San Francisco einen kleinen Umweg zu machen, um unbedingt die berühmten Redwoods, die riesigen Rotholzbäume, zu besuchen. »Denkt daran,« gibt sie uns als Rat noch mit auf den Weg, »wenn Ihr mit Pflanzen reden wollt, ist Eure Brücke der Verständigung mit der Natur immer die Liebe. Das haben mir die Engel gesagt. Wir Menschen haben wunderbare Dinge mit unserem Verstand erreicht, was uns dazu verführt hat, zu erlauben, daß der Verstand uns und unsere ins Abseits gedrängte Seele beherrscht. Wir haben vergessen, daß die Seele unser wahrer Meister ist und nicht der Verstand.«

Ihre Sätze klingen noch in uns nach, als wir unter den majestätischen Rotholzbäumen stehen. ›Großvater der Bäume‹ nennt die Urbevölkerung Kaliforniens, die Indianer, diese Giganten. Das Alter der jüngeren von ihnen wird auf über tausend Jahre geschätzt, die Ältesten sind über zweitausend Jahre alt. Mit dem Verstand sind sie wirklich nicht zu erfassen. Sie waren bereits groß, als unsere Zeitrechnung begann. Die Spitzen ihrer Kronen sind von unten nicht mehr zu sehen, bei manchen Bäumen wachsen die ersten Seitenäste erst in fünfzig, sechzig Meter Höhe. Unten sind die Stämme pyramidenähnlich. Der Anblick dieser Zeugen aus einer anderen Zeit läßt keinen Raum für die Selbstherrlichkeit der Menschen. Den Indianern war zu allen Zeiten bewußt, daß diese großen alten Bäume das Gedächtnis der Natur verkörpern. Vor 135 Jahren schrieb der Häuptling Seattle – sein Stamm sollte wieder einmal zum ›eigenen Nutzen‹ in ein neues Reservat vertrieben werden – in einem Brief an den Präsidenten der USA darüber: »Meine Worte sind wie die Sterne, sie gehen nicht unter. Jeder Teil dieser Erde ist meinem Volk heilig, jede glitzernde Tannennadel, jeder Nebel in den dunklen Wäldern, jede Lichtung, jedes summende Insekt ist heilig, in den Gedanken und Erfahrungen meines Volkes. Der Saft, der in den Bäumen steigt, trägt die Erinnerung des Roten Mannes.«[23] Wie sehr wir uns von solchen Gedanken, von dieser alten Weisheit, entfernt haben, zeigt ein Blick ins Lexikon, das 117 Jahre nach Häuptling Seattles Brief geschrieben wurde. Unter dem Stichwort ›Redwood‹ steht genau das, was unsere Zivilisation ›auszeichnet‹: »Das Holz der Sequoia sempervirens hat schmalen Splint und rosaroten Kern, leicht, weich, dauerhaft; geschätztes Bau-, Möbelholz.«[24] Eines der ältesten Lebewesen dieser Erde, ein Wunder der Natur, ist in der Sammlung unseres Wissens zu Qualitätsangaben für die Möbelindustrie verkommen. Mag sein, daß diese Angaben im Lexikon beschämenderweise unserem heutigen Verstand entsprechen, ein Symbol dafür, auf welchen Irrweg wir uns mit unserem Verstand ohne Seele stolz und freiwillig begeben haben, sind sie allemal.

Immerhin stehen die wenigen übriggebliebenen Rotholzbäume heute unter Naturschutz. Einst waren sie über weite Gebiete der Erde verteilt, heute wachsen sie praktisch nur noch an einigen wenigen Stellen der kalifornischen Westküste. Sie haben unzählige Waldbrände überstanden, ohne vernichtet zu werden. Tiefe, vernarbte Wunden an den Stämmen zeugen davon. Bleibt die Hoffnung, daß sie auch unser Zeitalter überleben.

Alte Kulturen wußten um den spirituellen Wert der alten großen Bäume. Durch ihre Schwingungen empfingen sie Klarheit, Inspiration und Frieden. Da Bäume so unendlich viel älter waren als die Menschen, respektierten sie ihre Weisheit und ihre Beziehung zu Gott oder den Göttern. Deswegen hielten sie ihre religiösen Riten oder auch Unterricht unter Bäumen ab. Besonders alte Bäume waren in allen Kulturen heilig. Die Griechen verehrten zum Beispiel die Orakeleiche bei Dodona, man kann diesen Ort heute nicht mehr genau bestimmen, die Rieseneiche stand vermutlich im Epirus-Gebirge. Den Ratschluß des Gottes Zeus entnahmen die griechischen Priester dem Rauschen ihrer Blätter und dem Gurren der Tauben in ihren Ästen. Genauso bekannt war der heilige Lorbeerbaum von Delphi, aus dem der Gott Apollo geweissagt hat. Der erste Tempel von Delphi soll sogar nur aus Lorbeerzweigen bestanden haben. Auch die Germanen sprachen durch die Bäume zu ihren Göttern und empfingen von den Bäumen heilige Botschaften. Im Verlauf der Christianisierung wurde ihnen die Verehrung der Bäume verboten. Der Bischof Bonifatius erledigte dies demonstrativ: Im Jahre 723 ließ er die göttliche Eiche bei Geismar fällen. Doch all solche Zwangsmaßnahmen drückten die alten Bräuche nur in den Untergrund, Reste haben sich bis heute erhalten, wenn an manchen katholischen Wallfahrtsorten Bilder mit Bitten, Gebeten und Dank an besondere Bäume geheftet werden.

Kapitel IV: Das Licht des Lebens

Kaiserslautern, Deutschland

Bei Tagungen, wo wieder einmal Forscher Ergebnisse vorgetragen haben, automatisch Einwände dagegen erhoben wurden und wo zum hundertsten Mal betont wurde, wieviel
noch zu tun ist, wird im privaten Gespräch unter Wissenschaftlern gegen Ende einer Tagung immer derselbe Spruch
wiederholt, der die Situation im Kopf der Beteiligten wider-
spiegelt: »Wir sind immer noch verwirrt, aber jetzt auf
einem wesentlich höheren Niveau.«
Die Zeiten, wo eine einzelne Person glaubte, das vorhandene
Wissen ihrer Zeit zu überblicken, sind längst vorbei. Angesichts der Fülle von Informationen und Theorien, die tagtäglich auf jemanden einprasseln, der annimmt, sich wenigstens
auf seinem Spezialgebiet auszukennen, sind die Wissenschaftler gezwungen, die Informationen zu sortieren. Gern
angenommen wird grundsätzlich das, was das eigene wissenschaftliche Weltbild unterstützt oder ohne Störungen des
Ganzen erweitert. Ablehnend beurteilt wird zunächst das,
was konträr zu eigenen Forschungsergebnissen und zum
eigenen Weltbild steht. Diese Verhaltensweise läßt sich im
Rückblick auch auf die Geschichte der großen Theorien der
Menschheit feststellen. Als ob die gesellschaftlichen Ausein-
andersetzungen um die Bewertung neuer Ideen nach stets
demselben Drehbuch ablaufen würden, scheint eine neue
Theorie ›zwangsläufig‹ immer wieder dieselben drei Phasen
der Akzeptanz durchlaufen zu müssen. Dabei gilt der
Grundsatz: Je größer und je wichtiger die neuen Erkenntnisse sind, desto härter der Widerstand. Wir brauchen nur
drei ganz Große herauszugreifen, um die Gemeinsamkeiten
des Drehbuchs sofort lebendig vor Augen zu haben: Galilei

und die Idee, daß die Erde um die Sonne kreist; Darwin, der damit aufräumte, daß die Artenvielfalt auf der Erde in wenigen Tagen geschaffen wurde und Sigmund Freud mit der Psychoanalyse, dem Unbewußten, der Rolle der Sexualität. Beliebig viel ließe sich weiter aufzählen, aber die drei Phasen, die jede neue Theorie durchläuft, sind deutlich erkennbar: Zuerst wird sie als falsch ›entlarvt‹, unter Aufbringung aller möglichen Argumente, Scheinargumente und Gegenbeispiele. In Phase zwei wird entgegengehalten, daß sie im Widerspruch zur Religion steht, statt ›Religion‹ kann man heute in einer areligiösen Zeit ›Dogmen der Wissenschaft‹ sagen und trifft dasselbe Phänomen. In der dritten Phase schließlich hat sich die neue Theorie durchgesetzt, wurde selbst als eines der wissenschaftlichen Dogmen etabliert und jeder Wissenschaftler beeilt sich zu behaupten, er habe ihre Wahrheit immer schon erkannt und sie entspräche sowieso seinen eigenen Forschungsergebnissen.

Den theoretischen Physiker Dr. Fritz Albert Popp treffen wir im Technologiezentrum Kaiserslautern in Phase zweieinhalb dieses Prozesses. Er hat die Umkehrung des berühmten Gorbatschow-Spruchs ›Wer zu spät kommt...‹ am eigenen Leib erfahren, denn auch derjenige, der zu früh kommt, wird vom Leben – zunächst – bestraft.

Anfangs war seine wissenschaftliche Laufbahn ganz normal verlaufen, am Radiologie-Zentrum der Universität Marburg beschäftigte er sich Ende der sechziger Jahre mit der Frage, warum eine chemische Substanz Krebs erzeugt und eine andere nicht, obwohl die beiden in der chemischen Struktur außerordentlich ähnlich und noch dazu biochemisch kaum zu unterscheiden waren. Beide Moleküle verhielten sich gleich in einem Organismus – bis Licht dazukam. Erst beim Einwirken ultravioletter Strahlung zeigten die Moleküle völlig verschiedene Verhaltensweisen, und die eine Substanz erzeugte Krebs, die andere nicht.

Popps neuer Ansatz in der Krebsforschung sprach sich herum, er erhielt eine Einladung vom Krebsforschungszentrum Heidelberg, um seine Ergebnisse vorzutragen und sich der Diskussion zu stellen. Dieser Wissenschaftsmarathon von acht Tagen mit internationalen Krebsforschern, zu dem Popp heute verschmitzt sagt, er habe damals den ›besten Anzug von allen getragen, das schlechteste Englisch gesprochen und die am wenigsten etablierte Theorie vorgetragen‹, brachte die entscheidende Wende für seine Forschung und seine Karriere. Die Wissenschaftlerkollegen hatten seine Ergebnisse auf Herz und Nieren geprüft und konnten daran nichts aussetzen. Die Schwierigkeit war allerdings zu akzeptieren, daß erst unter Einwirkung von Licht im Organismus bestimmte Moleküle zum Krebserzeuger werden, denn dies bedeutete ja, daß Licht im Organismus vorhanden sein mußte. Popps Einwand, daß der Russe Alexander Gurwitsch bereits Anfang dieses Jahrhunderts postuliert hatte, daß pflanzliche Zellen im ultravioletten Bereich Licht abstrahlen, das andere Zellen zur Teilung und zum Wachstum anregt, wurde mit der Bemerkung ›Vergessen Sie die Russen‹ in den okkulten Bereich verwiesen.

Popp beschloß, der Frage des Lichts in Zellen nachzugehen, denn er erkannte, daß diese Frage eine Schlüsselfunktion zum Verständnis der Kommunikation zwischen Zellen in einem Organismus hatte.

Zurück in Marburg begann Popp mit seiner neuen Forschung, die notwendigen finanziellen Mittel hatte er mit Unterstützung des Krebsforschungszentrums erhalten. Und damit begann auch die für Popp zunächst unverständliche Auseinandersetzung der wissenschaftlichen Welt mit seiner Person und seiner Forschungsrichtung. Sein Chef und später die ganze Fakultät erklärten ihn schlicht und einfach für verrückt. Man bemühte sich in der Tat um psychiatrische Gutachten, ihn als geistesgestört zu entlarven. »In meiner Personalakte stand sogar, es gäbe so ein Gutachten. Anrufern, die nach mir fragten, wurde erklärt, ich würde spinnen. Und wenn ein Institutsdirektor in Deutschland so etwas oft genug sagt, dann ist die ganze wissenschaftliche Welt davon überzeugt, daß ich wirklich spinne«, kommentiert Popp heute die Rufmordkampagne gegen ihn. Er gibt zu, nie ›den Mund gehalten‹ zu haben, er war kein bequemer Mitarbeiter, persönliche Differenzen mit dem Institutsdirektor hatte es von Anfang an gegeben, aber erst als er damit begann, Lichtquellen in Zellen zu suchen, verlor er die Unterstützung seiner Vorgesetzten. Es wurde immer nur über ihn, aber nie mit ihm geredet. Sogar seine Doktoranden bekamen Schwierigkeiten, nur weil sie bei ihm arbeiteten.

Seine Forschung ging trotzdem voran: Die Gurke war das erste Lebewesen, in dem er das Licht des Lebens fand. Er konnte das Licht, das Gurkenzellen ausstrahlen, mit empfindlichen Apparaten messen. Als nächstes kamen Kartoffeln dran. Auch die Kartoffelzellen verhielten sich wie winzig kleine Lampen, sie strahlten meßbar Licht aus, wenn auch in unvorstellbar geringen Mengen. Weil die Physik die kleinsten Teilchen des Lichtes Photonen nennt, gab Popp dem Licht der lebenden Zelle den Namen Biophotonen. Dieser Name war der nächste Anlaß für einen Angriff seiner Wissenschaftlerkollegen, die ihm vordergründig unterstellten, daß er in seiner ›bekannten Verrücktheit‹ jetzt sogar neuartige Photonen postulierte. Die Fronten waren so verhärtet, daß niemand bereit war, zur Kenntnis zu nehmen, daß er mit diesem Namen lediglich darauf hinweisen wollte, daß das Licht von l e b e n d e n Zellen ausgestrahlt wurde.

Obwohl der endgültige Beweis der Existenz der Biophotonen ein wissenschaftlicher Durchbruch war, wurde er gezwungen, nach achtjähriger Forschung und nach seiner Habilitation die Universität Marburg zu verlassen: »Ich mußte gehen, ohne jemals über die wirklichen Probleme mit allen

Beteiligten gesprochen zu haben. Die Institutsleitung und die Professoren der Fakultät fürchteten sich vor einer Aussprache, an der auch meine Mitarbeiter und Studenten teilgenommen hätten. Ich habe Zeiten erlebt, wo ich sehr gelitten habe. Heute bin ich froh darüber, es hat mindestens dazu beigetragen, die Theorie der Biophotonen bekanntzumachen.«

Als er sich bemühte, an der Universität in Kaiserslautern Professor zu werden, holte ihn der lange Arm seiner alten Marburger Gegner wieder ein, ihm war wieder ein ›Fehler‹ unterlaufen: Er hatte einen von der Bundesregierung finanzierten Auftrag angenommen, mit Hilfe seiner Biophotonenmessungen die Wirkung homöopathischer Mittel zu erklären. Sein besonderes Pech dabei war, daß zeitgleich ein positiver Artikel über seine Arbeiten in der Wochenzeitung ›Die Zeit‹ erschien. Homöopathie ernstzunehmen und an der Uni wissenschaftlich daran zu arbeiten, war eine Todsünde in den Augen seiner Kollegen. Innerhalb von vierzehn Tagen bekam er Lehrverbot und mußte die Universität verlassen. So kam er 1986 ins neugegründete Technologiezentrum Kaiserslautern. Diesen Schritt betrachtet er heute als ausgesprochenen Glücksfall: »Hier fragte mich plötzlich niemand mehr, wie es um die wissenschaftliche Beweisführung der Biophotonen steht, sondern nur, wie man mit den Biophotonen Geld machen kann.« Er erhielt Gelder aus Bundesmitteln und von Stiftungen und war nicht nur in der Lage, seine Forschung weiterzubetreiben, sondern entwikkelte auch neue Apparate und Meßmethoden als Ergebnis seiner Biophotonenforschung, die er gut verkaufen konnte.

»Die Biophotonen sind Informationsträger, sie sorgen dafür, daß in einer Pflanze, genauso wie in allen Lebewesen, also auch beim Menschen, jede einzelne Zelle gleichzeitig alles weiß, was im Organismus vorgeht. Die Biophotonen steuern sämtliche Lebensvorgänge und informieren zum Zweck der

Koordination mit Lichtgeschwindigkeit alle Zellen. Die Bio-
photonenstrahlung kommt aus der DNS, die in jeder Zelle
vorhanden ist. Die Beweisführung dafür haben wir jahrelang
nicht einbringen können, am Ende war sie geradezu trivial,
sehen Sie selbst.« Er springt auf, geht zur kleinen Tafel in
seinem Arbeitszimmer und fängt an, die Beweisführung zu
skizzieren. Was gerade noch als ›trivial‹ eingestuft wurde,
stellt sich als eine Abfolge von physikalischen Prinzipien,
komplizierten Formeln und Zahlengebilden heraus, mehr als
ein vages Verstehen ist für Laien ausgeschlossen. Er versteht
nicht, daß wir mit der Erklärung noch immer nicht zurecht-
kommen, neuer Anlauf. Die DNS als Träger der Lebensinformation ist in jeder Zelle enthalten, das gilt für Einzeller
über pflanzliche Organismen bis hin zum Menschen. Mit
Recht wird von der gesamten wissenschaftlichen Welt seit
Jahrzehnten angenommen, daß die DNS der Schlüssel zum
Leben ist. Hier sind die Informationen gespeichert, die bewirken, daß aus einer Zelle ein Lebewesen entsteht. Ein Na-
turwunder der Superlative: Die DNS besteht aus zwei Teilen, die wendeltreppenähnlich ineinandergeflochten sind,
auseinandergezogen ist die DNS einer menschlichen Zelle
zwei Meter lang. Die Gesamtlänge der DNS aller Zellen
eines menschlichen Körpers entspricht dem Durchmesser
unseres Planetensystems! Das Überraschende ist, daß nur
etwa 5 Prozent der DNS genetisch genutzt wird, als eine Art
Blaupause des Lebens, nach diesem Plan werden sämtliche
Lebewesen immer wieder neu ›aufgebaut‹. Die Wissenschaftler haben lange gerätselt, welchen Sinn und welche
Funktionen die übrigen 95 Prozent haben, die sie als ›abgedeckt‹ oder ›schlafend‹, ja sogar als ›egoistisch‹ bezeichnet
haben. Popp: »Warum macht die Natur solchen Unsinn, erst
ein Riesenmolekül zu erzeugen, um es dann später zum
größten Teil abzudecken? Welchen Sinn soll es haben, etwas
zu inaktivieren? Aufgrund meiner theoretischen Überlegun-

gen habe ich bereits 1974 in Marburg angenommen, daß gerade dieser abgedeckte Teil der DNS sehr aktiv ist, denn von dort kommen die Biophotonen.« Einer seiner Mitarbeiter erbrachte dann den Beweis, daß die DNS tatsächlich die Quelle der Biophotonen ist. Auch dies ist mittlerweile von der wissenschaftlichen Welt akzeptiert.

Die nächste wichtige Erkenntnis der Poppschen Biophotonenforschung war die Feststellung, daß das Licht der Zellen nicht etwa wie das Licht einer Glühbirne, sondern wie das Licht eines Laserstrahls ist. Wir kennen ja alle, wie Laserstrahlen zum Beispiel in Diskotheken dreidimensionale Bilder in den Raum zaubern. Laserstrahlen nehmen wir zwar mit unseren Augen als Licht wahr, sie sind aber mehr als bloß Licht. Wegen ihrer besonderen physikalischen Eigenschaften sind die Laserstrahlen gleichzeitig Informationsträger – die Nachrichtentechnik nutzt bereits Laserlicht zum Übertragen von Informationen.

Was der Mensch gerade angefangen hat, technisch zu nutzen, praktiziert die Natur in Perfektion seit Urzeiten. Die Lasershow der Natur bedeutet die Übertragung unglaublich vieler Informationen mit Lichtgeschwindigkeit, sowohl i n - n e r h a l b eines Organismus als auch z w i s c h e n den Lebewesen, denn sie treten aus dem Organismus heraus und erreichen so andere Lebewesen.

Die Biophotonen sind ein steuerndes Prinzip, das die biochemischen Reaktionen im Körper jedes Lebewesens auslöst, abstellt und koordiniert. Nach Schätzungen der Wissenschaftler laufen zum Beispiel im menschlichen Körper in jeder Sekunde 1000 000 000 000 000 000, in Worten: eine Trillion chemische Reaktionen ab. Oder mit den Worten von Fritz Albert Popp: »Ohne die Biophotonen als Koordinatoren all dieser Prozesse würde kein Mensch existieren können, denn nach wenigen Sekunden würden wir als biochemischer Brei zusammenfallen. Nach fünfzehn Jahren täglicher Messungen habe ich noch kein Lebewesen gefunden, das kein Licht abstrahlt.«

Die Koordination aller Lebensvorgänge innerhalb eines Organismus läuft in Pflanzen genauso wie in Tieren und selbstverständlich auch im Menschen. Diese Koordination ist eines der komplexesten und perfektesten Kommunikationssysteme der Natur überhaupt.

Zweifellos hat Popp aber auch eine Form der grundlegenden Naturkommunikation entdeckt, die über den Organismus des einzelnen Lebewesens hinausgeht. Die Biophotonen als Informationsträger treten ja aus dem Körper eines jeden Lebewesens aus und erreichen die anderen Lebewesen. Vom Einzeller über Blumen und Tiere bis zum Menschen. Dies ist gültig, auch wenn der Mensch – warum auch immer – diese alles umfassende Form der Kommunikation nicht (bewußt) wahrnimmt. Die Biophotonen sind unser erster Schlüssel zum Verständnis des universalen, allumfassenden Kommunikationssystems der Natur.

Diese Entdeckung zwingt jetzt die Forscher, die sich mit dem Lebendigen beschäftigen, vom Botaniker bis zum Mediziner, vom Zoologen zum Agrarwissenschaftler, unzählige Phänomene unter dem neuen Gesichtspunkt zu betrachten und auf vielen Gebieten komplett umzudenken. Gegen dieses Umdenken haben sich seine Kollegen gewehrt und irrationale Argumente unterhalb der Gürtellinie vorgeschoben, wie bei jedem wissenschaftlichen Umbruch in der Geschichte.

Bereits die ersten Schritte der Anwendung der Biophotonenforschung bringen große Veränderungen mit sich. Zum Beispiel auf dem Lebensmittelsektor. Popp ist seit langer Zeit in der Lage, durch Biophotonenmessungen zwischen ›gutem‹ und ›schlechtem‹ Obst, Gemüse und Getreide zu unterscheiden. Gemüse, das unter optimalen Bedingungen und ohne die Verwendung von Pestiziden angebaut und gelagert

wurde, ›leuchtet‹ anders als solches, das von einem über-
düngten Boden kommt, mit chemischen Giften bespritzt
und wochenlang für die Lagerung mit Hilfe der Chemie prä-
pariert wurde. Dieses ›Leuchten‹ ist das, was Popp mit seinen komplizierten Apparaten mißt, denn die Biophotonen
machen ja nicht an der Haut einer Frucht Halt, sondern
strahlen in den umgebenden Raum hinaus. Er kann sowohl
einzelne Getreidekörner, Tomaten oder beliebige andere
Früchte in seine Apparate stecken und messen, als auch zuerst die Früchte oder Körner im Mixer pürieren und dann
erst messen. Er kann sogar überprüfen, ob Lebensmittel
durch Bestrahlung haltbar gemacht wurden, die Lichtmes-
sung verrät es. Auch die Hühnereier strahlen das Licht des
Lebens aus, die Biophotonenmessung beweist, ob das Huhn,
das das Ei gelegt hat, frei herumlaufen konnte oder in einer
Legebatterie ein Leben lang sein Dasein fristen mußte. An
diesen Beispielen zeigt sich sehr konkret, daß zwar Licht gemessen wird, aber eben ein ganz spezielles Biolaserlicht, das
gleichzeitig pure, komprimierte Information von dem Lebewesen ist, das Licht ausstrahlt. Popp und viele andere Wissenschaftler weltweit, die das Licht des Lebens messen, sind
noch lange nicht in der Lage zu wissen, welche Vielfalt von
Informationen in diesem Licht enthalten ist. Sie haben lediglich bislang festgestellt, daß sämtliche biologischen Phänomene sich in einer Änderung der Lichtintensität niederschla-
gen. Zum Beispiel verursacht ein Agrargift in einer so niedrigen Konzentration, das es einer homöopathischen Konzentration nahekommt, eine dramatische Änderung der Bio-
photonenintensität.
Auch das Wort ›Lebens‹mittel bekommt im Laserlicht der
Biophotonen eine andere und höhere Bedeutung. Denn mit
dem Essen nehmen wir – genau wie alle anderen Lebewesen
– nicht nur Kalorien, Eiweiß, Kohlehydrate, Fett und Mine-
ralstoffe zu uns, sondern auch die Bioinformationen in Form

von Licht, die im Essen enthalten sind. Noch sind wir auf Spekulationen angewiesen, doch es scheint zwingend logisch zu sein, daß die Bioinformation, die wir mit der Nahrung aufnehmen, nicht verschwinden kann, sondern auf dem Weg der Resonanz mit den körpereigenen Biophotonen auf unseren Körper übertragen wird. Dr. Popp: »Das Lebensmittel selbst ist in der Lage, etwa so wie die Sonne, auf unser System, den Körper, Energie zu übertragen. Wir sollten eigentlich statt Energie Information sagen. Ein gutes Lebensmittel ist in der Lage, die Ordnung unseres eigenen lebendigen Systems ›Körper‹ aktiv zu verbessern. Konsequenterweise überträgt ein schlechtes Lebensmittel schlechte Information.«

Popp hat heute bereits die Voraussetzungen dafür geschaffen, daß der Gesetzgeber Qualitätsnormen für Lebensmittel aufgrund der Biophotonenmessung erstellen kann. Wer möchte schon ausgerechnet mit dem ›Lebens‹mittel schlechte Lebensinformation zu sich nehmen. Es ist doch mehr als ein Verdacht, daß viele Erzeugnisse der Lebensmittelindustrie die kommenden Normen nicht erfüllen würden. Dies dürfte vor allem auf künstlich hergestellte ›naturidentische‹ Produkte zutreffen; auch wenn die Moleküle chemisch identisch sind, können die Moleküle aus der Retorte unmöglich dieselbe Bioinformation beinhalten wie die Moleküle eines Lebewesens, das unter der Sonne in ständigem Informationsaustausch mit der Natur gewachsen ist. Es ist vorauszusehen, daß auch viele Methoden der Lagerung, Aufbereitung und Konservierung in der Zukunft anders bewertet werden müssen als heute.

Es gehört nicht viel Phantasie dazu, sich vorzustellen, welche Art von Bioinformation uns das Fleisch oder auch das Ei eines Huhns vermittelt, das vom ersten Tag seines Lebens an eingesperrt in einem Käfig saß, nie etwas anderes als Enge, Leere, Gitterstäbe, Beton, maschinell hergestelltes Futter,

Aggression und Platzangst kennengelernt hat, ein Huhn, das selbst nie das Licht der Sonne erfahren hat...

Nach alldem ist es nicht mehr überraschend, daß Tumorzellen von menschlichem Gewebe ein völlig anderes Licht abstrahlen als gesunde Zellen. Die Biophotonenmessung hat sich bereits als Mittel zur Diagnose bewährt. Sie hilft aber auch heute schon bei der Auswahl der Medikamente, mit denen die Ärzte den Tumor bekämpfen wollen. Werden Medikamente an Tumorzellen getestet, kann man aufgrund der Veränderung der Lichtintensität sofort erkennen, ob das Medikament positiv oder negativ oder gar nicht wirkt.

Eines Tages wird sich auch Popps Traum erfüllen, er ist sich sicher: »Ich träume von der Verwirklichung eines Geräts, in das man einen Menschen hineinschiebt und mit dem am ganzen Körper die austretenden Biophotonen gemessen werden. So könnten nicht nur bestehende Krankheiten diagnostiziert, sondern auch beginnende gesundheitliche Probleme durch die Botschaft des Lichts erkannt werden.« Dies alles nicht durch die Untersuchung einzelner Organe, wie sie in der heute üblichen Medizin vorgenommen wird, sondern ganzheitlich, am ganzen Körper, im Zusammenspiel aller biologischen Signale, dem Licht des Lebens.

Vorstellbar ist dann auch die Heilung durch Licht, durch Bio-Licht, das die Informationen beinhaltet, die der Körper zum Gesundwerden braucht. Eine Heilung also außerhalb des Körpers durch Lichtkorrektur des Bioinformationsfeldes, wo die Krankheit in Form von ›falscher‹ Information vorliegt.

Fritz Albert Popp, heute 53 Jahre alt, der in Deutschland nicht Professor werden durfte, ist nun Leiter eines eigenen Forschungsinstituts und erfolgreicher Unternehmer. Professor übrigens auch noch, an zwei Universitäten.... im Ausland. So sehr er Wert auf die Methoden der exakten Naturwissenschaften legt, die er ja tagtäglich in seinen Messungen anwendet, so ist er doch mit seinen Gedanken über das typische reduktionistische Denken der meisten Wissenschaftskollegen hinausgegangen. Für die Suche nach monokausalen Zusammenhängen im komplex vernetzten System des Lebendigen, der Natur, hat er nur noch Ironie übrig: »Der Biochemiker kann meistens sagen, welche Zelle oder Substanz was im Organismus macht. Warum es aber ausgerechnet zu diesem Zeitpunkt und genau dort passiert, weiß er nicht. Er verhält sich wie einer, der ins Klavierkonzert geht, die Instrumente zertrümmert, sie anschließend in Salzsäure auflöst und analysiert, um zu erfahren, ob Beethoven oder Chopin gespielt wurde.« Pflanzen, Tiere und Menschen sind für ihn keine isolierten Objekte. Alles gehört zusammen: »Wir sind kein Objekt, das hier sitzt, isoliert und allein. Von uns allen gehen Wellenfelder aus, die mit allen anderen Wellenfeldern verzahnt und so über den ganzen Erdball ausgedehnt sind. Diese Wellenfelder bedeuten Informationsaustausch. Wir sind alle angekoppelt, ob es uns bewußt ist oder nicht. So kann ich auch den Zeitgeist erklären, der ja auf eine bislang unerklärte Weise gleichzeitig bei vielen Personen, die auf herkömmliche Art nicht miteinander in Kontakt sind, dieselben Bedürfnisse und Gedanken auslöst. Wir haben uns mit der Gewißheit, daß allumfassend kommuniziert wird, gleichzeitig die Ungewißheit eingehandelt, was alles kommuniziert wird.«

Das Licht des Lebens, das von allen Lebewesen ausgestrahlt wird, sind die Wellenfelder der Informationen, die von Menschen, Tieren und Pflanzen gesendet und empfangen werden. Überraschenderweise finden wir in unserer Sprache Elemente dieser neuesten Forschungsergebnisse wieder. Wir sprechen oft genug in unserer Alltagssprache von der ›Ausstrahlung eines Menschen‹ oder auf einer mehr philosophischen Ebene von einem ›erleuchteten Menschen‹. Statt ›Ausstrahlung eines Menschen‹ benutzen wir auch den Begriff der ›Aura, die einen Menschen umgibt‹ oder wir sind nicht ›auf derselben Wellenlänge‹ mit jemandem, mit dem wir uns nicht gut verstehen.

Der Begriff Aura ist seit Urzeiten in der Esoterik, der Geheimlehre der Eingeweihten, fest etabliert. In der New-Age-Sprache der Gegenwart bedeutet er genau dasselbe, eine Ausstrahlung von Energie, die von allen Lebewesen ausgeht, und als farbiges Lichtfeld um den Menschen, besonders ausgeprägt um den Kopf herum, beschrieben wird. In fast allen Kulturkreisen, von den alten Ägyptern über die Indianer bis zu den Buddhisten und Hinduisten und der chinesischen Tradition gibt es Überlieferungen, die die Aura oder das Aurafeld darstellen. Das Wissen um die Aura ist in diesen Kulturkreisen, im Gegensatz zum europäisch-angloamerikanischen Bereich, niemals verlorengegangen, es ist heute noch lebendig und niemand käme auf die Idee, es in den Bereich des Phantastischen abzuschieben.

Dem theoretischen Physiker Popp war es von Anfang seiner Forschung an klar, daß das vom Körper ausgestrahlte Licht aller Lebewesen mit dem, was seit Jahrtausenden als Aura beschrieben wird, zu tun hat: »Das Licht, das wir messen, ist die Aura der Lebewesen, mindestens ein Teil ihrer Aura. Wir messen dieses Licht, also kann kein Zweifel daran bestehen, daß es aus dem System Körper kommt. Dann gibt es Leute, Auraleser, die sagen, sie sehen das Licht, das den Körper umgibt. Man könnte jetzt höchstens daran zweifeln, ob sie es sehen. Ich glaube aber daran, daß sie es sehen, weil das Auge das empfindlichste optische Lichtmeßgerät überhaupt ist. Die Empfindlichkeit eines Auges ist so hoch, daß es an die Empfindlichkeit unserer Detektorsysteme heranreicht. Aber diese Empfindlichkeit wird normalerweise nicht genutzt, weil das Auge an das Helle adaptiert ist. Wenn man aber das Auge an das Dunkle gewöhnt, wird man nach einiger Zeit dieselbe Empfindlichkeit wie bei unseren Meßinstrumenten erreichen. Mir war von Anfang an klar, daß die Biophotonenemission und das, was als Aura beschrieben ist, zusammenhängen muß. Ich habe aber für meine Forschung bewußt den Begriff ›Aura‹ vermieden, weil ich nicht den Verdacht aufkommen lassen wollte, daß wir mit unserer wissenschaftlichen Forschung in die Esoterik gehen.«

Kapitel V: Der Regenbogen hinter dem Regenbogen

München, Deutschland
Los Angeles, Kalifornien, USA

Die Legende vom Regenbogenkrieger

Der Indianerstamm, der den Second-Chance-Mesa, einen Tafelberg an der Westküste Amerikas, heilighält, hatte dereinst einen berühmten Medizinhäuptling, von dem es hieß, er könne den Regenbogen jenseits des Regenbogens sehen und auch in die Zukunft schauen. Er war der letzte Häuptling, der auf die sogenannte ›alte Art‹ zu sehen vermochte. Keiner der Häuptlinge, die ihm nachfolgten, hatte diese Art des Sehens erlernt. Sein Sohn kämpfte als Soldat für die Vereinigten Staaten, als er aus dem großen Krieg zurückkehrte, wurde er Christ und heiratete eine weiße Frau, mit der er in der Stadt lebte. Die Schrecken des Krieges versuchte er im Alkohol zu vergessen. Ein Sohn wurde ihm geboren. Als dieser Sohn zehn Jahre alt war, machte er sich auf die Suche nach seiner Vergangenheit. Obwohl er ein Halbblut war, wollte er zum Stammesleben seiner Ahnen zurückkehren, und er verließ die Städte des Weißen Mannes.

Seine Suche führte ihn zum Second-Chance-Tafelberg an der Westküste. Dort fand er seinen Stamm und die Männer, die Schüler seines Großvaters gewesen waren. Das Volk erzählte noch immer Legenden und Geschichten von seinem Großvater, dem berühmten Medizinhäuptling, der den Regenbogen hinter dem Regenbogen sehen konnte. Es hieß, er habe den Weg des Regenbogens so gut gekannt, daß er in die Seele der Menschen hineinschauen konnte.

Der Junge beschloß, bei seinem Volk zu bleiben und dort bei den Schülern seines Großvaters zu lernen. Acht Jahre dauerte es, bis seine Lehrzeit beendet war, und die Zeit für die Suche nach seiner Vision als Abschluß der Lehre gekommen war. Die Lehre hatte ihn verändert, und nach alter Tradition würde er in der Zeit des Betens und Fastens außergewöhnliche Erlebnisse, Visionen haben, die dann sein Lehrer deutet, um ihm seinen neuen Namen zu geben.

Einer der Lehrlinge seines Großvaters, der mittlerweile Medizinhäuptling des Stammes geworden war, fragte ihn vor seiner Visionssuche, ob er wisse, wer sein Großvater gewesen war. »Mein Vater hat mir erzählt, er sei ein verrückter alter Mann gewesen«, antwortete der Junge.

Der Medizinmann ging mit dem Jungen, der nun mit achtzehn Jahren zu den Kriegern gehören sollte, zum Second-Chance-Tafelberg. Der heilige Berg des Stammes barg viele Geheimnisse, immer wieder gab es dort ungewöhnliche Wetterverhältnisse mit seltsamen Lichtern und Tiere, die sich nur einigen Menschen zeigten. Dort schickte der Medizinmann den Jungen auf die Suche nach seiner Vision.

Früh am Morgen begann er zu fasten und zu beten und blieb dort drei Tage und zwei Nächte, um auf seine Vision zu warten. Regungslos verharrte er in der Haltung des Gebets.

Am Nachmittag des letzten Tages begann ein schrecklicher Sturm. Kurz vorher sah der Junge, wie ein wunderschöner Adler auf ihn zuflog und wieder am Himmel verschwand. Die ganze Nacht über tobte das Unwetter, der Junge fror und zitterte und wartete und betete.

Am anderen Morgen wurde der heilige Berg in ein besonderes Licht getaucht. Der Junge schaute ins Tal und sah beide Enden eines Regenbogens, der das Tal überspannte. In diesem Moment tauchte der große Adler wieder auf. Als er durch den Regenbogen flog, sah der Junge plötzlich einen zweiten Regenbogen hinter dem ersten. Der Vogel flog immer höher und weiter, und hinter jedem Regenbogen gab es noch einen weiteren Regenbogen.

Der Junge blickte auf dem Berg umher und sah voll Freude, daß auch um die Sträucher herum Regenbögen leuchteten. Als ein Kaninchen vorbeisprang, bemerkte er, daß auch das von einem farbigen Regenbogen umgeben war. Da wußte er, daß er über Nacht das besondere Sehvermögen seines Großvaters erlangt hatte.

Er ging den Berg hinab und erzählte alles dem Medizinmann, bei dem er in die Lehre gegangen war. »Ich kann jetzt einen Regenbogen sehen, der dich umgibt«, sagte er. »Glaubst du, daß es das ist, was mein Großvater gesehen hat?« Der Medizinmann schwieg, dann sah er ihn an und sagte: »Ich weiß es nicht. Niemand hat je wieder so sehen können, wie dein Großvater es konnte.«[25]

In diesem Punkt irrte der Medizinmann. Zu allen Zeiten, in allen Kulturen, gab es immer wieder Menschen, die von sich sagten, daß sie die farbigen ›Wolken‹ sehen können, die jedes Lebewesen, Bäume, Kräuter, Tiere oder Menschen, umgeben. Auch heute.

Es ist Sommer 1991. In einem Hinterhaus der Münchner Innenstadt sitzen etwa sechzig Personen. Sie warten gespannt auf eine Frau, die von ihrer Geburt an die Fähigkeit besitzt, den ›Regenbogen hinter dem Regenbogen‹ zu sehen. Rosalyn Bruyere soll das sehen können, was der Wissenschaftler Fritz Albert Popp mit seinen komplizierten Apparaten mißt. Sie ist von Beruf Auraleserin und Heilerin, in den USA landesweit seit vielen Jahren anerkannt, kommt sie zum ersten Mal aus Los Angeles zu einem Workshop nach Deutschland. Gespannte Erwartung, auch Skepsis, auch Beklommenheit, als sie den Raum betritt. Sie soll alles ›sehen‹ können, die

Aura und die Chakras ›lesen‹, und sie soll die Gabe besitzen, mit ihren Händen zu heilen. Die Auras und Chakras werden immer zusammen beschrieben, Auras als die farbigen Wolken um Menschen herum, Chakras als Räder aus farbigem Licht, die sich am Körper vorn und hinten drehen. Nur wenige Menschen können sie sehen, aber so wurden sie unzählige Male auf verschiedenen Erdteilen auf Wandtafeln, als Figuren und später in Büchern gezeichnet.

Rosalyn Bruyeres Erscheinung hat nichts Esoterisches oder Gurumäßiges an sich, nach vorn zum Tisch kommt eine Frau Mitte vierzig, Seidenoutfit, dunkle Haare, gutaussehend, Gesamterscheinung: Made in USA, und zwar Kalifornien. Sie erzählt, wie sie zu ihrem Beruf kam. Schon als Kind hatte sie die Aura von Pflanzen gesehen. Ihre Urgroßmutter war in der ganzen Gegend für ihren ›grünen Daumen‹ berühmt, von überall her brachten Menschen kranke Pflanzen zu ihr, sie konnte von der Aura der Pflanzen ablesen, was ihnen fehlte und sie so mit ihrem Wissen und mit ihren Händen heilen. Rosalyn war fünf Jahre alt, als ihre Urgroßmutter ihr beibrachte, anhand der Farbenringe um die verschiedenen Pflanzen herum zu entscheiden, wann Blumen gepflückt werden durften, wann Setzlinge in die Erde gehörten, und welche Kräuter für welchen Zweck gesammelt werden sollten. Als ihre Urgroßmutter starb, geriet ihr Wissen um die Auras nach und nach in Vergessenheit.

Erst als sie selbst Kinder hatte, wurde sie mit den ›farbigen Wolken‹ wieder konfrontiert: »Als meine beiden Söhne anfingen zu sprechen, redeten sie immer wieder über den ›komischen farbigen Nebel‹ um den Kopf von allen möglichen Leuten herum. Zu Hause hat mich das nicht weiter irritiert, peinlich wurde das lediglich bei Einladungen. Da saßen die beiden zusammen in der Ecke, zeigten mit den Händen auf die Gäste und lachten sich krumm über die Farbwolken.«

Das ›unmögliche Benehmen‹ ihrer Söhne zwang sie, sich mit dem Phänomen der Aura erneut auseinanderzusetzen. Nach einer Zeit der Ratlosigkeit kam plötzlich ihre eigene Fähigkeit, Auras zu sehen, wieder. Um für sich selbst und für die beiden Söhne Antworten zu finden, was sie da eigentlich sahen und was es bedeutete, suchte sie sich spirituelle Lehrer, die ihr zu verstehen halfen, was es mit den Auras auf sich hat. Ohne es zu ahnen oder es zu wollen, begann damit gleichzeitig ihre Ausbildung als Heilerin. Heute besitzt sie eine eigene ›Schule‹ in Los Angeles, im Verlauf der Jahre hat sie etwa dreitausend Personen ausgebildet, von denen rund dreihundert als Seher und Heiler arbeiten. Sie unterrichtet in den USA, Kanada, Irland, England, Südafrika, und heute beginnt sie in Deutschland: »Mit den Händen heilen kann man nur dadurch lernen, daß man es tut, es gibt keinen anderen Weg. Dazu müßt Ihr in Gruppen zuerst üben, wie man die Energie eines Menschen spürt, ich zeige Euch mal, wie das geht«, und bittet eine Frau in ihrer Nähe, sich mit dem Rücken auf den Boden zu legen. Die anderen beobachten, wie sie mit ihren Händen in wenigen Zentimetern Abstand den Körper der Frau langsam entlangfährt. »Auch wenn Ihr in der Lage wärt, die Aura und Chakras zu sehen, müßtet Ihr erlernen, das Energiefeld eines Menschen mit den Händen zu fühlen. Dort, wo die Energie richtig fließt, spürt Ihr unter Euren Händen etwas Wärme, einen kleinen Widerstand, ein gewisses Federn in der Luft.« Sie tastet in der Luft den Körper der Frau entlang, an manchen Stellen ist sie begeistert, wie groß die Energieausstrahlung ist, dann sagt sie plötzlich, als sie gerade an der rechten Seite des Bauches mit ihren Händen ist: »Hier ist die Energie ganz weg. Ich spüre ein richtiges Loch im Energiefeld.« Sie stellt Fragen, medizinische und anatomische Ausdrücke fallen, dann fragt sie die Frau, ob sie schon öfters Probleme mit ihren Eierstöcken hatte. Zur Verblüffung von uns allen bestätigt die Frau, daß sie seit mehreren Jahren wiederholt wegen entzündeter Eierstöcke in ärztlicher Behandlung ist.

Bis jetzt wollte Rosalyn der Gruppe etwas zeigen, nun ändert sich das Bild der beiden in der Mitte, wir alle sind ausgeblendet, sie konzentriert sich ausschließlich auf die liegende Frau. Im Raum ist es total still. Rosalyns Leichtigkeit in der Bewegung weicht Anspannung und Konzentration. Ihre Hände sind an der Stelle, wo sie das ›Energieloch‹ aufgespürt hat, beide Arme sind angespannt, sie erklärt nichts mehr, kaum wahrnehmbar vibrieren ihre Unterarme und Hände. Es dauert so etwa eine Minute, bis sie mit ihren Händen über den Körper der Frau entlangfährt, um zu kontrollieren, ob jetzt alles mit den Energien in Ordnung ist. Sie nimmt uns nach wie vor nicht wahr, als sie der Frau rät, möglichst bald wieder zu ihrem Arzt zu gehen und sich erneut untersuchen zu lassen, weil es sehr wahrscheinlich ist, daß sie nach dieser Behandlung nur noch ganz wenige Medikamente braucht, wenn überhaupt.

Spontan hatte sie in ihren beiden Berufen, Heilerin und Lehrerin, gewechselt, jetzt ist sie wieder die Leiterin eines Workshops: »Die Unordnung bei den Chakras, daß eins nicht an der richtigen Stelle war, hat mir verraten, welche körperliche Ursache vorliegt. Ich könnte das auch umgekehrt sagen, weil ein Chakra nicht an der richtigen Stelle war, ist die Krankheit entstanden. Mit der Übertragung meiner Energien habe ich die Chakras alle wieder richtig ausgerichtet. Das habe ich dann am Ende mit meinen Händen überprüft.« Sie erklärt uns, daß grundsätzlich die positiven Energien des Heilers stärker sein müssen, als die negativen Energien beim Patienten, die die Krankheit verursacht haben, sonst kann man nicht heilen.

Das Wort ›Chakra‹ kommt aus dem altindischen Sanskrit, Lichtrad ist die wörtliche Übersetzung. Angaben über die Zahl der Chakras schwanken je nach Kulturkreis, in der Regel ist von sieben Hauptchakras die Rede, die an den sieben Hauptenergiezentren des Körpers sitzen, zwischen Schambein und Schädeldecke. Die Chakras werden rad- oder trichterförmig beschrieben, sie rotieren und leuchten in verschiedenen Farben. Rosalyn Bruyere: »Die richtige Ausrichtung und die richtigen Farben der Chakras bedeuten Harmonie. Und was Harmonie ist, ist von Kulturkreis zu Kulturkreis etwas verschieden, was die Farben der Chakras anbelangt. Ich habe in Los Angeles oft beobachtet, daß erst die Kinder der Einwanderer, die schon hier geboren sind, die gleichen Chakrafarben haben wie die Amerikaner. Aber auch nur dann, wenn sie nicht ständig mit ihren Landsleuten zusammen sind. Klar, daß sie sich manchmal dort wohler fühlen als unter Amerikanern, aber dann haben ihre Chakras wieder die für ihren ursprünglichen Kulturkreis typischen Farben. Das hat überhaupt nichts mit Rassen zu tun, sondern mit der kulturellen Identität.«

Der Workshop in München hat eine erstaunliche Atmosphäre. Immer wieder passieren spektakuläre Dinge, aber es geht nicht um Sensationen, und das wird auch von keinem der Teilnehmer so aufgefaßt. Natürlich stockt jedem der Atem, als am dritten Tag eine der Teilnehmerinnen ihren etwa vierzehnjährigen Sohn mitbringt, der mit Mißbildungen am Herzen zur Welt gekommen ist und schwere Operationen hinter sich hat. Mit viel Wärme und dem Vermögen, sich hineinzufühlen, beruhigt Rosalyn den Jungen, der am liebsten davonlaufen möchte. Diesmal dauert die Behandlung viel länger. Sie erklärt ihm, daß er sich nicht wundern soll, wenn er in seinem Körper spürt, daß ›etwas‹ von außen in ihn hineingeht, sie »glättet mit ihren Energien die inneren Narben der Herzoperationen«. Nach einigen Minuten bemerkt der Junge, daß er »so ein komisches Ziehen spürt, das aber nicht weh tut.« Sie erklärt ihm, daß sie nicht einfach »wahllos mit ihren Energien in den Körper hineingeht, sondern sehr darauf achtet, wichtige Organe oder Nervenzentren nicht zu durchdringen, sondern zu umgehen, bis sie an die richtige Stelle kommt.« Nach der Behandlung sagt sie dem Jungen und seiner Mutter, daß sie in so einem Fall nur Linderung verschaffen kann. Denn der ursprüngliche Defekt und die Operationen haben Tatsachen geschaffen. Von ihren Erfahrungen ausgehend nimmt sie an, daß die Linderung seiner Beschwerden etwa zwei Jahre anhalten wird.

Die meisten Teilnehmer sind zum Lernen, zur Weiterbildung gekommen. Viele sind Yogalehrer, Betreuer von Spitzensportlern, Ärzte, Ingenieure, Therapeuten, die u. a. Seminare für Industriemanager abhalten, der Jüngste ist Anfang zwanzig, die Ältesten sind um die achtzig herum. Bei den diversen Übungen geht es darum, mit Partnern aus dem Kreis der Teilnehmer die ersten, vorsichtigen Schritte des Heilens zu erlernen. Es kommt dabei immer wieder vor, daß einige der Teilnehmer ihre Augen unwillkürlich schließen, um sich auf das Spüren der Energiefelder mit den Händen besser zu konzentrieren. In solchen Fällen wird Rosalyn leicht sarkastisch: »Du bist kein Klaviervirtuose, der mit geschlossenen Augen gen Himmel starrt. Du sollst sehen, was Du tust und was Dein Patient macht und außerdem, wie sieht dieses geistesabwesende in die Luft Starren aus!« Sie hat für Heiler, die durch ihre Gewohnheiten und Gesten ausdrücken, daß sie nicht von dieser Welt sind, nur Spott übrig. »Bei mir gibt es keinen Bruch zwischen meinem Beruf und dem Leben um mich herum. Ich wohne in Los Angeles, und es ist mir voll bewußt, was das für eine Umwelt voller Gewalt und Extreme ist. Ich lebe nicht im Elfenbeinturm der Heiler, ich sehe die Welt um mich herum so, wie sie wirklich ist.« Bewußt hält sie ihren Körper fit, sie treibt viel Sport, ihr tägliches Karatetraining macht sie im Swimmingpool, um durch den Wasserwiderstand noch mehr körperliche Kraft anzutrainieren.

Gegen Ende des Workshops bittet sie einen jungen Mann, der ein weißes Hemd trägt, sich mit dem Rücken zu den Fenstern, durch die das Licht kommt, zu setzen. Wir sollen die verschiedenen Schatten auf seinem weißen Hemd in Brusthöhe genau beobachten. »Seht Ihr, das Hemd ist ja nicht einfach nur weiß, da sind auch verschiedene Schatten drauf.« Sie zeigt auf eine Falte vom Hemd, die vom Sitzen kommt. »Es ist doch klar, daß hier ein Schatten von der Falte ist. Aber seht mal ein paar Zentimeter daneben auf den dunkleren Fleck, könnt ihr da eine Falte sehen, die Schatten wirft?« Jeder prüft die Lichtverhältnisse, sucht im Raum nach möglichen Quellen für Lichtreflexe, niemand kann etwas finden. Aber der ›Schatten‹ ist da, mit etwa fünfzehn Zentimeter Durchmesser, und er ist bläulich. In dem Moment kommt die Frage von Rosalyn: »Ist der Schatten wirklich weiß? Könnt Ihr nicht sehen, daß er farbig ist?« Ganz vorsichtig sagt einer: »Ist es vielleicht ein bißchen blau?« »Ja«, sagt ein anderer, »das sieht etwas blau aus!« Vier, fünf andere meinen auch, daß der Schatten blau ist, und keiner ist in der Lage, eine Erklärung dafür zu finden, warum das Ding da bläulich ausschaut. Dann die Bestätigung von Rosalyn: »Ja, es ist wirklich bläulich. Was Ihr da seht ist eine blaue Chakra.«

Wir haben uns noch nicht davon erholt, angeblich eine blaue Chakra gesehen zu haben, fragen uns noch, ob wir vielleicht – trotz der Tatsache, daß wir die Farbe Blau in uns schon ausgesprochen hatten, bevor die Bestätigung von anderen und Rosalyn kam – kurzfristig einer Massenpsychose oder Hypnose erlegen sind, als sie sich auf einen Tisch setzt, der etwa zwei Meter vor einer weißen Wand steht: »Ihr sollt jetzt versuchen, meine Aura zu sehen, am besten um meinen Kopf herum. Dabei kommt es darauf an, daß Ihr Eure Augen auf meinen Kopf fokussiert und diese Augeneinstellung beibehaltet, aber trotzdem ein paar Zentimeter neben meinen Kopf schaut. Das ist wichtig, weil Eure Augen sich normalerweise, wenn Ihr neben meinem Kopf hinschaut, wo ja kein Gegenstand ist, automatisch auf die Wand hinter mir fokussieren. Versucht es, laßt Euch Zeit, vielleicht werdet Ihr etwas sehen.« Angespannte Ruhe im Raum. Sämtliche Gedanken übers Fokussieren von Videokameras und Fotoapparaten gehen uns durch den Kopf. Jetzt sind unsere Augen die Kamera, wir basteln an der Scharfeinstellung auf das Nichts neben Rosalyns Kopf und haben Angst, etwas zu sehen, denn wie sollten wir das denn unserem Verstand erklären? Und dann, plötzlich, bleiben die Augen an einer Art gelb-orangem Lichtnebel etwa drei, vier Zentimeter neben ihrem Kopf hängen. Die Schwierigkeiten mit dem Fokussieren sind vorbei, die Lichtschicht ist ganz schwach und gelblich, aber sie ist da, und wir sehen auch, daß sie ganz um den Kopf herumreicht. Steigende Nervosität, immer noch Zweifel, ob der Lichtstreifen reell ist oder unter die Rubrik Hypnose, Sinnestäuschung einzuordnen ist. Noch fällt kein Wort, wir halten uns fest an der Farbe, die wir sehen. Es war ziemlich beklemmend, als einer aus dem Kreis plötzlich in die Stille hineinfragt: »Ist da was Gelbes?« »Nein, eher orange«, meint jemand. Wie auf einen Startschuß hin reden jetzt viele durcheinander: »Ja, gelb« ; »gelb-orange, das geht um den ganzen Kopf herum«. Inmitten dieses Stimmenwirrwarrs schalten sich wieder unsere Kontrollgedanken ein: Das zweite Mal haben wir die Farbe festgestellt, b e v o r von außen die Bestätigung kam. Sehen wir vielleicht wirklich ... Rosalyns ... Aura? Sie setzt aber noch eins drauf: »Jetzt paßt mal gut auf, ich werde jetzt die Farbe meiner Aura ändern.« Sie konzentriert sich. Entgeistert sehen wir, was sich da abspielt, der gelb-orange Lichtstreifen um ihren Kopf herum wird dunkler und verfärbt sich rot.

Nach etwa einer Minute bestätigt Rosalyn sowohl die ursprüngliche Färbung als auch den Wechsel ins Rot. Unsere Zweifel schwinden. Wir haben ihre Aura gesehen.

Wie Rosalyn Bruyere betonen Auraleser immer wieder, daß das Aurafeld nicht nur Aufschluß über den Gesundheitszustand des Körpers, sondern auch über Gedanken und Gefühle gibt. Wut soll auch die Aura, nicht nur das Gesicht, rot verfärben, ein Phänomen, das die Zeichner von Comics intuitiv zu kennen scheinen, wenn sie Personen mit Gefühlsausbrüchen rote Zacken um Kopf und Schultern herum malen. Traurigkeit färbt die Aura um die Brust blau, ernste, aufrichtige Gefühle zeigen sich als goldener Glanz um den Kopf, die Färbung, die wir als gelb-orange bei Rosalyn gesehen haben. Rosalyn: »Die Aura teilt alles mit, was sich in uns abspielt, Liebe, Wut, Trauer, Schmerzen, auch besondere Fähigkeiten und Neigungen, unseren Lebensrhythmus, unsere Lebensenergie.« Auraleser berichten sogar, daß sie bei zwei Menschen, die nebeneinanderstehen, auf einen Blick sehen können, ob die beiden sich lieben oder nicht. Wenn sie sich lieben, sollen sich ihre Auras verschmelzen, und zwar, die Pointe ist überraschend, in Form eines Herzens, dessen Farbstreifen rosa eingefärbt ist. Genau in der Form des Herzchens, das Teenager mit Vorliebe auf Schulbänken, Mauern und Bäumen verewigen. Die Gedanken liegen nahe, daß dieses Symbol der Liebe, das stilisierte Herz, das ja mit der Form des Organs Herz gar nicht übereinstimmt, auf uraltes Wissen um die Aura bzw. auf uralte schematische Zeichnungen der Aura der Liebenden zurückgeht.

Wenn eine Gruppe von Menschen zusammen ist, sieht Rosalyn auch die Gesamtaura der Gruppe: »Ich kann auch mit einem Blick erkennen, ob diese Gesamtaura positiv oder negativ ist oder welche Person die Harmonie der Gruppe stört, auch wenn diese Person gar nichts sagt.«

Welch ein Hochgenuß muß eine Debatte im Parlament für jemanden sein, der in der Lage ist, an der Aura des Politikers am Rednerpult sofort abzulesen, ob er die Wahrheit sagt oder ob Lügen verbreitet werden. Reine Lippenbekenntnisse sind sofort erkennbar. Auch die Gedanken und Gefühle der Zuhörer sind sichtbar, Zwischenrufe oder demonstratives Klatschen wären lediglich eine Bestätigung dessen, was der Auraleser sowieso schon gesehen hat. Mit den Augen eines Auralesers betrachtet, erfüllt die Politik – ohne etwas dagegen tun zu können – eine uralte Forderung, sie ist transparent.

Man stelle sich bloß vor, in unserer Gesellschaft gäbe es genügend Auraleser mit den von ihnen beschriebenen Fähigkeiten, was würde das alles verändern! Wahrheitsfindung in einem Gerichtsprozeß – eine Sache von Minuten. Ein Geschäftsmann mit einem Auraleser an der Seite, er würde bei keiner Verhandlung über den Tisch gezogen werden. Neueinstellung bei einer Firma, der Auraleser der Personalabteilung findet schon die richtige Person für den Posten. Funktioniert eine Behörde nicht effizient genug, das störende Energiefeld ist bald lokalisiert. Vom Gesundheitswesen bis zum Datenschutz müßte sich die Gesellschaft komplett neu orientieren. Alkohol, Tabletten und andere Drogen, Rosalyn Bruyere sagt, daß sie an der Aura ablesen kann, was jemand genommen hat: »Mit jedem Glas Bier oder Wein entfernt sich die Aura vom Körper. Wenn jemand richtig betrunken ist, ist die Aura meterweit weg, sie hat keinen Kontakt mehr zum Körper, kein Wunder, daß die Person rumtorkelt. Haschischrauchen verursacht ein großes Loch in der Aura im Brust- und Bauchbereich. Kokain erzeugt ein spezielles Glitzern im Aurafeld, das schaut so aus, wie das Glitzern von fallendem Schnee im Licht.«

Frappierend ist, wie sehr das alte Wissen der Auraleser mit den modernen Erkenntnissen der Poppschen Biophotonenforschung übereinstimmt. Beide besagen, daß das Licht des Lebens Informationsträger ist und daß es sowohl im Inneren eines Körpers wirkt, als auch nach außen tritt und auf andere Lebewesen wirkt. Beide führen zu dem Schluß, daß auf dieser Ebene s ä m t l i c h e Lebewesen miteinander in Kommunikation stehen.

Hier eröffnet sich auch ein neuer Zugang zu den Aussagen von Personen, die sich mit Pflanzenkommunikation befaßt haben. Joe Sanchez, Cleve Backster, Marcel Vogel, Wladimir Delavre und Dorothy Maclean betonten übereinstimmend, daß die Voraussetzung für die Kommunikation mit Pflanzen die Fähigkeit des Sichhineinfühlens, des ›Sichhineintunens‹ ist. Die Menschen können sich in diese Kommunikation nicht mit dem rationalen Verstand ›hineinstöpseln‹. Die universale Naturkommunikation ist nur mit der Seele zu verstehen und zu führen, betonen immer wieder alle, die auf diesem Gebiet Erfahrungen gesammelt haben.

Folgt man diesen Gedanken, dann ist der aufgeklärte Mensch der heutigen westlichen Zivilisation mit einem Affen zu vergleichen, der neben einem Faxgerät sitzt, den eingehenden Text anstarrt und auf keine bessere Idee kommt, als das Papier zu zerreißen. Dem Affen fehlt die Intelligenz zu verstehen, daß hier eine Kommunikation läuft. Der Mensch, der mitten in einem Blumengarten oder in einem Wald steht, nimmt ebensowenig wahr, daß auch hier ständig eine Kommunikation läuft. Er hat sich durch seine Intelligenz und wegen seines rationalen Verstandes von der Natur und seiner eigenen Seele abgekoppelt und damit die Fähigkeit verloren, ein Teil dieser Kommunikation zu sein. Er sitzt inmitten der Kommunikationsleitungen der Natur und verhält sich wie der Affe vor dem Faxgerät der Telekom.

Zwei Wochen nach dem Workshop sprachen wir noch einmal mit Rosalyn Bruyere und fragten sie, wie es kam, daß wir in der Lage waren, am Ende des Workshops ihre Aura zu sehen. Sie findet das wenig überraschend: »Auf so einem Workshop konzentriert sich viel Aufmerksamkeit auf mich.

Am Anfang fühle ich mich nicht so besonders wohl, ich bin eigentlich eher schüchtern. Es dauert meistens so etwa zwei Tage, bis ich mich richtig wohl fühle. Erst dann stimmt der Kontakt mit der Gruppe, dann ist mein Selbstvertrauen richtig da und auch meine Aura. Wenn alles stimmt, schaffe ich es leicht, daß meine eigene Aura, wenigstens für Momente, hell genug leuchtet, so daß Leute, die im Lauf des Workshops schon viel Energie getankt haben und sensibel genug geworden sind, sie sehen können. Es tut mir immer leid, daß das nicht alle schaffen, die am Workshop teilnehmen. Die Aura zu sehen, fällt denen am leichtesten, die locker an die Sache herangehen, die sich entspannen können und keine vorgefertigte Erwartungshaltung haben. Man braucht dazu aber nicht unbedingt Erfahrungen mit Meditationstechniken, auch wenn so etwas natürlich hilft. Ich bin sicher, jeder könnte es lernen, die Aura von Menschen zu sehen.«

Besonders in der katholischen Kirche gibt es Bilder von Jesus und anderen Personen, um deren Kopf herum ein Heiligenschein gezeichnet ist, in Form eines Kreises, einer Scheibe, eines Strahlenkranzes. Auch aus Afrika, Indien und China sind ähnliche Bilder von erleuchteten Personen bekannt. Häufig verwendeten die Maler als Farben gelb, gold, aber auch blau und rot. Rosalyn ist überzeugt, daß Heiligenschein und Aura identisch sind, daß diese Bilder aus den verschiedensten Zeitaltern und Kulturkreisen nicht nur symbolisch die Heiligkeit bestimmter Personen beschrieben, sondern das, was Augenzeugen bei diesen Erleuchteten oder Heiligen tatsächlich gesehen haben: »In gewisser Beziehung waren diese Menschen doch in etwa in derselben Situation wie ich in einem Workshop. Jeder schenkte ihnen seine ganze Aufmerksamkeit, zum Beispiel bei heiligen Handlungen. Sie waren voller Frieden, nur erfüllt davon, anderen zu dienen, und in solchen Momenten ist die Aura am deutlichsten zu sehen. Ich persönlich kann die Aura immer sehen, aber die Farben im Aurafeld sind sehr schwach, sehr weich, pastellartig, besonders im Kontrast zu den leuchtenden Farben der Kleidung, die wir heute meistens tragen. Für meine Schüler ist es viel leichter, die Aura zu sehen, wenn der Hintergrund weiß ist, cremefarben oder beige. Ich habe in meinem Büro immer ein weißes Hemd, das die Leute anziehen, wenn ich eine ausführliche und exakte Auralesung mache.«

»Die Aurafarben der Pflanzen sind noch schwieriger zu sehen, sie sind etwas schwächer als beim Menschen. Der farbige Lichtstreifen um Pflanzen herum ist meistens etwa sieben, acht Zentimeter breit, er sieht im Prinzip genauso aus wie bei Menschen oder Tieren. Die Farbpalette ist groß«, sagt Rosalyn, die häufig Pflanzen in der Wüste um Los Angeles herum sammelt. Sie pflückt nur die Pflanzen, die blaue und grüne Farbtöne in der Aura haben, ein sicherer Indikator dafür, daß die Pflanzen genügend Wasser hatten und gesund sind. In Trockenperioden, wenn das Wasser knapp wird, verfärbt sich ihre Aura zu gelb-orange, danach wird sie pink. In dieser Phase pflückt Rosalyn keine Kräuter, weil sie keine aktiven Wirkstoffe mehr zum Heilen enthalten, sie sind bis zur nächsten Regenperiode in eine Ruhephase eingetreten.

Andere kleine Farbstreifen im Aurafeld von Kräutern zeigen an, wofür sie genutzt werden können: »Da gibt es diese winzige gelbe Linie, die mir sagt, daß diese Pflanze günstig ist für eine Nierenbehandlung oder generell für den Wassserhaushalt des Körpers. Bei einigen Kräutern gibt es diesen kleinen, sehr spezifisch aussehenden Streifen, der grün leuchtet, er sagt mir, daß diese Pflanze gut für das Herz und die Blutzirkulation ist. Einige Kräuter haben ein lila Farbband, mit ihnen behandelt man das Nervensystem. Ich kenne auch Pflanzen, die für Krebsbehandlungen gut sind, aber ich darf nicht konkret sagen, um welche es sich handelt. In den USA gibt es sehr strenge gesetzliche Regelungen für

Heiler. Ich darf einem Patienten im Prinzip nicht einmal sagen, was ich über Kräuterheilkunde weiß. In gewissen Teilen der USA wächst aber in hügeligen Gegenden eine große, buschige Pflanze, die bei Krebsbehandlungen hilft. Auch die Indianer, bei denen ich weitergelernt habe, als ich schon als Heilerin arbeitete, kennen diese Pflanze. Genauso wie die Aura eines kranken Menschen mir seine Krankheit verrät, so sagt die Aura von Pflanzen mir, mit welcher Pflanze man welche Krankheit behandeln kann und wann sie zu pflücken ist, damit sie tatsächlich wirkt.«

Seit einigen Jahren sieht sich die Pharmaindustrie weltweit aus mehreren Gründen gezwungen, auf das alte Wissen um die Heilkräuter der Naturvölker und Schamanen zurückzugreifen. Innovationen auf dem Medikamentenmarkt sind in den letzten Jahrzehnten immer seltener geworden. Penicillin war im Prinzip der letzte große Durchbruch. Die herkömmliche, wirkstofforientierte Forschung steckt in der Sackgasse. Deswegen besinnt man sich immer mehr auf die Heilwirkung der Naturkräuter, und die Pharmaindustrie weiß, daß sie sich beeilen muß, denn immer mehr Arten verschwinden ganz von unserem Planeten. Die Abholzung der tropischen Regenwälder, wo unser größtes, unentdecktes Reservoir an Heilpflanzen zu finden ist, und die Anwendung der Agrogifte, die ja von genau derselben Industrie hergestellt werden, sind die Hauptursachen dafür. So belagert die Pharmaindustrie heute die Schamanen und Medizinmänner, um sie auszuhorchen, welche Kräuter sie gegen welche Krankheiten einsetzen. Haben die Späher der pharmazeutischen Industrie eine Pflanze ausfindig gemacht, wird sie in Monokulturen angebaut, fleißig gedüngt und vielleicht sogar mit Pestiziden vollgespritzt. Es darf bezweifelt werden, ob dieser Weg zum Erfolg führt, denn die Schamanen pflücken ja je nach Aurafärbung nur einzelne Pflanzen derselben Sorte, weil nur diese die gewünschte Wirkung haben. Wodurch die heilende Wirkung zustande kommt, vermag niemand zu sagen, es gibt prinzipiell mehrere Möglichkeiten: Die spezielle Aurafärbung kann bedeuten, daß d e r Wirkstoff nur zu d i e s e r Zeit in d e r Pflanze vorhanden ist, kann aber auch bedeuten, daß die w i r k s a m e Kombination mehrerer Substanzen nur zu d i e s e r Zeit in d e r Pflanze ist oder daß es sich vielleicht gar nicht um einen Wirk›stoff‹ handelt, sondern um heilende B i o i n f o r m a t i o n e n im Poppschen Sinne. Fazit: Erst wenn die Pharmaindustrie von dem monokausalen, chemischen Denken, das heißt: eine Pflanze – ein Wirkstoff – die Wirkung im menschlichen Körper – loskommt, und die Bedeutung der Bioinformationen in der Aura der Lebewesen für sich entdeckt und lernt, damit ganzheitlich umzugehen, kann das uralte Wissen der Schamanen von ihr vielleicht (!) eingesetzt werden.

Pflanzen haben auch Chakras, winzigkleine Chakras, immer dort, wo sie sich verzweigen. Ein großer Busch oder ein Baum hat Hunderte von Chakras. Die Redwoods, die Baumgiganten, die wir an der kalifornischen Küste sahen, haben Tausende von Chakras und eine riesige Aura, in der Grün dominiert, mit einem deutlichen goldenen Farbstreifen darin. Die Aura reicht nicht nur ganz um den Baum herum, sondern umschließt auch die Wurzeln mit denselben Farbtönen in der Erde. Wenn Rosalyn nach Wurzeln gräbt, sieht sie ihre Aura schon, bevor sie die letzte Erdschicht von ihnen entfernt hat.

In einem Blumenbeet verschmelzen die einzelnen Auras der Pflanzen zu einem Gesamtaurafeld. Dasselbe Phänomen tritt überall in der Natur auf, zum Beispiel auch beim Wald. Bei großen Wäldern kennt jeder – auch ohne die Aura zu sehen - den Eindruck eines übergroßen Lebewesens, einer Art Gesamtorganismus Wald, vor allem, wenn wir ein Waldgebiet aus der Ferne oder von einem Flugzeug aus sehen. Das Aurafeld eines großen Waldes strahlt über hundert Meter hoch in den Himmel, es gibt und empfängt ständig Informationen. Wie schon mehrere Personen zuvor, der Frankfurter Gynäkologe Dr. Delavre und Dorothy Maclean vom Wundergarten in Findhorn, machte uns auch Rosalyn Bruyere auf die besondere Wichtigkeit der großen Bäume für den Empfang von kosmischen Informationen und Energien aufmerksam, die jeder Mensch für sich nützen kann: »Ich empfehle jedem, der zu mir kommt, als Patient oder als Lernender, mit großen, alten Bäumen zu meditieren. Dabei soll man sich mit dem Rücken gegen verschiedene Baumstämme lehnen, um die unterschiedlichen Energien der Bäume kennenzulernen. Wichtig ist bloß, daß man sich dazu wirklich große und alte Bäume sucht, je größer und älter ein Baum ist, um so größer ist die Energie, die man fühlt. Die Energie der Bäume fließt sehr direkt im Stamm auf und ab. Selbstverständlich wirkt sie auf den Menschen. Die Energiefelder Mensch und Baum verschmelzen sich und dabei werden die Chakras des Menschen richtig ausgerichtet, und ihre Aura wird gereinigt. Gerade nach einem stressigen Tag hilft der Baum uns, wieder die eigene Mitte zu finden. Jeder soll für sich ausprobieren, welche Baumsorte ihm am meisten hilft. Dabei soll man auch den Baumstamm umarmen, das eigene Gefühl sagt einem, was man braucht, die Energie des Baumes mehr von vorne oder auf den Rücken einwirken zu lassen. Meistens braucht man beides. Anschließend soll man sich auf alle Fälle mit dem Rücken auf den Boden legen, und zwar so, daß der Kopf den Stamm berührt. Dabei muß man sich dessen bewußt sein, wie weit die Wurzeln des Baumes in der Erde unterhalb unseres Körpers hinausgehen. In dieser Position spürt man die Energie des Gesamtorganismus Baum mit den Wurzeln zusammen ganz anders als vorher beim Stehen. Die Augen soll man bloß nicht zumachen, alleine schon der Blick den Baumstamm hinauf bis nach ganz oben zu den Ästen und Blättern ist etwas Außergewöhnliches, eine Perspektive, die wir vielleicht nie vorher gesehen haben, die unsere eigene Wichtigkeit und Größe angesichts der mächtigen Energien eines großen Baumes heilsam relativiert. Die Baummeditation hilft auch zu lernen, sich wieder als Teil der Natur zu begreifen und zu ihr zurückzufinden. Fruchttragende Bäume sind für diese Meditation weniger geeignet, weil sie einen sehr großen Teil ihrer Energien in die Früchte stecken. Auf dem Gelände meiner Schule steht ein viertausend Jahre alter Mammutbaum, wir nennen ihn den Großvater der Bäume. Wenn wir etwas wissen wollen, gehen wir zu ihm, er ist so alt und hat schon so viel gesehen. Wir bitten um seine Hilfe, fragen Sachen, die wir wissen wollen und bekommen auch Antworten. Für mich ist das der beste Ort zum Beten und zur Meditation.«

Kapitel VI: Der Weg des Roten Mannes

Monticello, Florida, USA

Vieles, das unsere westliche Gesellschaft gerade ›entdeckt‹ und mit den Grundsätzen der Wissenschaft verstehen lernt, ist in anderen Kulturen seit Jahrtausenden bekannt. Schon die Fragestellung, ob es Auras und Chakras wirklich gibt, erscheint in Kulturkreisen von Indien bis China ziemlich absurd. Dort ist das Wissen in der Bevölkerung, daß die Lebewesen von einem Aurafeld umgeben sind, bis heute überliefert und lebendig. Im heutigen China wird die ›Aurawissenschaft‹ staatlich gefördert. Auraleser werden dazu angehalten, eng mit Krankenhäusern zusammenzuarbeiten, sie haben einen festen Platz im Gesundheitswesen.

Chemiker aus den Industrienationen von Südafrika bis zu den Vereinigten Staaten arbeiten daran, die chemischen Botschaften zwischen Pflanzen und Bäumen zu entschlüsseln. Physiker und Biologen verstehen die Grundlagen der Kommunikation der Natur immer besser. Alle Naturvölker der Erde bejahen mit größter Selbstverständlichkeit die Frage, ob Pflanzen und Bäume wirklich kommunizieren können, und ob der Mensch Teil dieser Kommunikation ist. Der Satz ›Rede mit deinen Pflanzen und sie gedeihen‹ ist ihnen in einem viel umfassenderen Maß bekannt und Teil ihrer Zeremonien, ihrer Religion und ihres Lebens.

Fünfhundert Jahre, nachdem es Columbus und seinen unzähligen Nachfolgern aus Europa fast gelungen ist, die indianischen Kulturen des amerikanischen Kontinents zu zerstören, hat in Amerika ein vorsichtiger, noch von gegenseitigem Mißtrauen geprägter Dialog begonnen. Nicht nur westliche Pharmafirmen versuchen vom uralten Wissen der Indianer über Heilpflanzen zu lernen. Nordamerikanische Indianer halten auch Vorlesungen und Workshops an Universitäten ihres Landes und werden heute sogar von Schulen eingeladen, damit sie über ihre Kultur und ihr Wissen berichten.

»Ihr wollt von uns lernen, wie man mit Blumen und Bäumen redet, und was wir Indianer über die Kommunikation der Pflanzen wissen«, schrieb uns Peter Bearwalks, »ich werde mit Euch unser Wissen teilen und Euch noch mehr zeigen, damit Ihr wirklich versteht.«

Eine kreisförmige Lichtung und eine Szene, die sich heute genauso wie vor tausend Jahren abgespielt hat. Wir, die Lernenden, sitzen am Boden, um uns die Sümpfe Floridas, und hören einem Medizinmann der Apachen zu. Peter Bearwalks, Peter, Der Bär, Der Geht, seinen indianischen Namen erhielt er von John Standing Eagle, dem Stehenden Adler, teilt mit uns das uralte Wissen der Indianer so, wie er es selbst erfahren hat. Es gibt keine schriftlichen Überlieferungen, die Erfahrungen wurden immer von einem Eingeweihten mündlich weitergegeben: »Das erste, was Ihr verstehen müßt, ist, daß alles um uns herum ein Teil der Schöpfung ist. Alles geht seinen eigenen Lebensweg, alles hat seine eigene Seele. Der Fels hat eine Seele, der Baum hat eine Seele, das Blatt hat eine Seele, die Blumen haben eine Seele. Wir nennen die Pflanzen das Grüne Volk. Sie haben ihre eigene Seele und ihre spezifische Energie, weil sie ein Teil der Schöpfung sind. Sie haben Leben, sie geben Leben, und sie erhalten das Leben anderer. Unser Wissen und unsere Tradition lehren uns, daß sie Lebewesen sind wie wir. Wir reden mit ihnen, mit dem Grünen Volk, genauso wie wir mit einer Person sprechen würden. Auch Ihr könnt das lernen, aber begreift, es ist nicht möglich, nur einen Teil des Ganzen zu lernen. Erst, wenn Ihr die ganze Wahrheit versteht, werdet Ihr in der Lage sein, das Alte Wissen anzuwenden. Wir sprechen mit allen Vertretern der Natur, den Steinvölkern, dem Volk der Insekten, dem Vierbeinigen Volk, dem Volk der Gefiederten. Menschen, Tiere, Pflanzen, wir sind alle ein Teil der Natur, der Schöpfung. Wir haben immer von allen gelernt, die um uns herum sind. Ihr könnt vom ruhigen See lernen, vom fließenden Wasser, von den Wolken, schaut der Sonne zu, und Ihr lernt, wie sie allen Lebewesen Energie gibt. Vom Grünen Volk könnt Ihr ständig sehr viel lernen. Und Ihr werdet es erleben, es spricht zu Euch. Wenn Ihr zuhört, lernt Ihr viel darüber, wie das Grüne Volk uns heilen kann, wie es uns Nahrung gibt und welche spezielle Energie es uns geben kann. Es will Euch unendlich viel geben, wenn Ihr es nur zulaßt, und wenn Ihr wißt, was Ihr finden möchtet und wonach Ihr sucht. Unser Wissen lehrt uns, nicht einfach vom Grünen Volk zu nehmen, sondern es um das zu bitten, was wir brauchen. Sprecht mit den Pflanzen, sagt Eure Bitten, bittet um Erlaubnis. Und wenn wir Indianer etwas von den Pflanzen, von der Natur, von der Mutter Erde nehmen, bedanken wir uns. Das ist unsere Art mit der Natur umzugehen, unsere Tradition. Ihr könnt auch lernen, welche Heilkräfte die verschiedenen Pflanzen besitzen und wie Ihr diese Heilkräfte anwenden könnt. Wir wissen, daß die Pflanzen natürlich auch miteinander kommunizieren. Und seht auch, wie die Erde, die wir die Mutter Erde nennen, Euch immer nur gibt. Obwohl sie ständig von Euch mißbraucht wurde und wird, gibt sie doch immer weiter, was wir zum Leben brauchen. Auch Ihr solltet die Mutter Erde ehren und respektvoll mit ihr umgehen, wenn Ihr das nicht tut, wird die Zeit kommen, wo unsere Mutter uns nicht mehr ernähren kann.«

Peter Bearwalks spricht Englisch ohne amerikanischen Akzent, in seiner Aussprache läßt auch nichts auf seine indianische Abstammung schließen, trotzdem schafft er es mit Leichtigkeit, die alte Kultur der Indianer mit seiner bildhaften Sprache lebendig zu machen. Er ist Ende vierzig, mittelgroß, und seine außerordentlich kräftige Statur läßt ahnen, warum die Siedler und Soldaten vor den Kriegern der Apachen einen besonderen Respekt hatten. Sein Lebensweg ist ein Spiegel für das Leben und den Wandel der Indianer heute in Amerika: Geboren und aufgewachsen in den Slums von Chicago. Indianer ohne Identität, eine Jugend mit Jobs in den Stahlhütten. Dann Vietnam, Einzelkämpfer im Dschungel, als erster Indianer in der Geschichte Amerikas erhielt er die höchste Tapferkeitsmedaille der USA.

Aus der Army entlassen, ging er zurück nach Chicago zu seinen Eltern. Seinen Vater traf er schon auf der Straße, Peter begrüßte ihn, doch sein Vater reagierte nicht, sah ihn nicht einmal an. Er ging ins Haus, sein Vater schwieg. Tage vergingen, sein Vater war nicht bereit, mit ihm zu reden. Die Mutter versuchte zu vermitteln. Schweigen war die Antwort. Endlich, nach vielen Tagen, brach sein Vater das Schweigen: »Du bist nicht mein Sohn. Du hast für eine Sache gekämpft, die Dich nichts anging und dabei Deine Seele verloren. Ich habe keinen Sohn mehr. Ich kenne Dich nicht. Wenn Du Dich retten willst, geh nach Westen, zu unserem Volk. Du hast keine andere Wahl.«

Peter ging nach Westen, kam nach Montana. Er lief zu Fuß, wußte nicht, was er suchte, wohin er ging. Es war wie in einem Traum. Irgendwann stand er vor einem kleinen Haus: »Viele Tage war ich gewandert, jetzt setzte ich mich hin und wartete. Ich wußte damals nicht, daß ich von drinnen beobachtet wurde. Ich wartete nur, und irgendwann kam dieser Mann, ein alter, würdevoller Indianer, heraus zu mir. Ohne etwas zu sagen, brachte er mir Wasser. Wir schwiegen lange. Er beobachtete mich intensiv, als er dann anfing zu reden, sagte er mir, was er von mir dachte. Er schien alles zu wissen, was mit mir im Krieg geschehen war. Er wußte alles von mir, so, als ob ihm jemand ein Buch über mich gegeben hätte, aus dem er mir vorlas. Nach vielen Stunden fragte er mich, was ich mit meinem Leben anfangen wollte. Ich hatte keine Ahnung, und das war der Moment, in dem sich mein ganzes Leben änderte.«

In Montana, bei dem alten Medizinmann der Cheyenne-Indianer, der die Kunst beherrschte, den Regenbogen hinter dem Regenbogen zu sehen, also ein Auraleser war, begannen Peters Lehrjahre. Wie ein kleiner Junge begleitete er ständig viele Monate lang wortlos seinen Lehrmeister, getreu der traditionellen Philosophie ›Wenn du redest, kannst du nicht lernen‹. Bis eines Tages der alte Medizinmann zu ihm sagte, daß es Zeit für ihn sei, weiterzugehen. Peter: »Es ist mir nicht erlaubt, Euch alles zu sagen. Aber von dem Tag an, an dem ich den alten Medizinmann in Montana getroffen hatte, begann ich, den Roten Pfad, den Weg des Roten Mannes zu gehen. Gleichzeitig begann meine Ausbildung als Medizinmann, wie wir sagen, ich ging den Weg der Medizin. Das erste, was ich zu lernen hatte, war, mich selbst zu verstehen. Dann lernte ich zuerst mit mir selbst, dann mit der Natur und dann mit anderen Menschen richtig zu kommunizieren. In meiner Lehrzeit, die sieben Jahre lang dauerte, erhielt ich auch ein spezielles Wissen, manche würden es einen Sack voll Tricks nennen. Aber das hat überhaupt nichts mit Zaubertricks zu tun, es ist eine einfache, ganz einfache Philosophie. Alle Plätze, wo ich meine weiteren Lehrer fand, waren ganz spezielle Orte, wo die Zeit keine Rolle spielte, wo unsere alte Kultur noch lebendig war. Wir nennen sie Sichere Plätze. Einige der heiligsten Menschen leben an entlegenen Orten, wo es im Winter sehr kalt und im Sommer sehr heiß ist, wohin es niemanden verschlägt, der nicht nach dem Sicheren Platz sucht. Viele leben in absoluter Armut, in Häusern, wo der Regen durch die Dächer kommt. In dieser Umgebung leben sie nach unseren Traditionen. Ihre Namen werde ich Euch nicht sagen, nur so kann ich verhindern, daß sie von anderen aufgespürt und bestürmt werden.«

Den sieben Lehrjahren folgten dann für Peter als weitere

Ausbildung die ›Jahre der Straße‹. Jahre, in denen er im Auftrag des Ältestenrates der Indianer ununterbrochen unterwegs war. ›Road People‹, die Menschen der Straße, heißen diese Reisenden. Wenn jemand Hilfe braucht oder eine Botschaft zu überbringen ist oder Heilige Zeremonien abgehalten werden sollen, sind es die Road People, die den Auftrag erledigen.

Als wir Peter in Florida treffen, hat er gerade die Jahre der Straße beendet. Er ist als Medizinmann und Schamanenausbilder nun selbst Mitglied des Ältestenrats, in dem zwischen 61 und 65 Vertreter der Indianer sitzen. Gleichzeitig erhielt er die Erlaubnis, sich niederzulassen und eine eigene Kultstätte zu bauen. Zu unserer Überraschung erfahren wir, daß die Indianer Nordamerikas erst seit 1976 die eigenen Sprachen sprechen und ihre alten Zeremonien abhalten dürfen. Vorher war dies alles per Gesetz verboten, und das in einem Land, wo sogar Studenten aus Jux eine Kirche gründen dürfen, die vom Staat dann anerkannt werden muß.

Peter hat vom Ältestenrat die Erlaubnis für unseren Besuch eingeholt. Wir dürfen für das Fernsehen filmen und an den heiligen Zeremonien der Indianer teilnehmen, um wirklich zu verstehen, daß die Kommunikation mit der Natur auch heute noch Teil des indianischen Lebens ist, und warum es für die Indianer so selbstverständlich ist, mit den Pflanzen zu reden. Der Ältestenrat hat – wie Peter uns sagte – lange beraten und dann aus der Überzeugung heraus, daß die Zeit drängt und reif ist, das Alte Wissen mit allen Menschen zu teilen, seine Erlaubnis gegeben, unter der Bedingung, daß ein alter Medizinmann, ein Traditionalist, die Richtigkeit der gegebenen Informationen sicherstellt.

Rick Shawnee, der den Indianernamen Little Big Man, Der Kleine Große Mann, trägt, wurde ausgewählt. Mit Peter und einigen Freunden von ihm, die auch an den Zeremonien teilnehmen werden, holen wir Rick vom Flughafen ab. Er ist mittelgroß, schlank, seine langen weißen Haare sind hinten zusammengebunden. Sein Alter hat er uns nicht verraten, er dürfte über sechzig sein. Jeans, Cowboystiefel und den unentbehrlichen Indianerhut mit einem Band aus bunten Glasperlen und einer kleinen Feder trägt er, sein T-Shirt hat er selbst mit einem besonderen Symbol bemalt: Vier Hände, die sich in einem Viereck festhalten, symbolisieren mit ihren Farben rot-weiß-schwarz-gelb die vier Rassen der Menschen. Wir wundern uns darüber, daß er einen riesengroßen Koffer mitgebracht hat, obwohl er nur für zwei Tage bleiben will. Als er ihn in Peters Haus aufmacht, sehen wir zuerst eine rote Seidenjacke mit der Aufschrift ›American Indian Movement, Security‹, Sicherheitsdienst der Indianerbewegung. Nicht weniger spannend wird es, als er die Jacke herausnimmt, der Koffer ist voll mit allem, was ein Schamane so braucht, Dosen mit getrockneten Kräutern, sorgfältig verschnürte Lederbündel, Kristalle und Adlerfedern und eine Unzahl von kleinen Lederbeuteln, deren Inhalt wir leider nie kennenlernen. Rick beginnt sofort mit der ersten Zeremonie, er will uns von allem Negativen befreien, das an uns haftet, damit wir mit reinem Herzen – wie er sagt – das Kommende aufnehmen können. Dazu nimmt er eine kleine Eisenschale, in der er Holzkohle anzündet und sie zum Glühen bringt, indem er mit den Adlerfedern heftig fächelt. Wir müssen uns alle, auch Peter, einzeln vor ihn hinstellen und die Augen schließen. Bei jeder Person nimmt er eine Prise getrocknetes Sweet Grass, eine in Amerika wachsende Grassorte, Symbol des Guten, und wirft es auf die glühende Holzkohle. Mit den Adlerfedern fächert er den Rauch vom Sweet Grass zuerst zum Herzen, dann zum Kopf, dann zum Körper vorne und schlägt sanft mit den Adlerfedern auf unsere Schultern, den Kopf und Oberkörper. Dann muß sich jeder umdrehen, mit dem Rücken passiert dasselbe. Während der ganzen Zeremonie redet er altindianische Gebete. Manchmal scheint er etwas zu kommentieren, das er sieht. Wir erfahren nie ganz genau, was er da gemacht hat. Auf Fragen reagiert er wortkarg, Antworten bestehen häufig aus zwei hingeschleuderten Wörtern, wir wissen zum Schluß nur soviel, er hat unsere Aura gereinigt.

In der Nacht geht keiner von uns schlafen. Rick ist ein außergewöhnlicher Gast. In der Armut eines Reservats groß geworden, reist er bis heute ständig durch die Vereinigten Staaten, um Zeremonien abzuhalten, Aufträge des Ältestenrats auszuführen und selbst weiterzulernen. Die Unterhaltung mit ihm gestaltet sich schwierig, seine Antworten sind häufig doppeldeutig, ihn etwas Konkretes zu fragen, ist fast sinnlos.

Es dauert einige Stunden, bis wir lernen, nicht zu fragen, sondern Stichwörter zu liefern und dann um so mehr zu erfahren: »Ihr wollt lernen, mit dem Grünen Volk zu sprechen? Wann habt Ihr das letzte Mal auf dem Boden, auf der Erde gesessen? Ihr sitzt ja ständig nur auf Stühlen, Ihr hattet lange keinen Kontakt mehr zum Boden, zur Mutter Erde. Geht hinaus und berührt einen Baum! Geht hinaus und umarmt die Bäume! Umarmt den Eichenbaum, die Palme, den Tannenbaum und die Buche! Umarmt sie, und sie werden zu Euch sprechen. Fühlt, daß jeder Baum etwas anderes ausstrahlt, redet mit dem Baum, dann wird er auch mit Euch reden. Der Schöpfer hat uns gelehrt, mit dem Grünen Volk zu sprechen. Geht hinaus und redet mit den Pflanzen! Setzt Euch zu der Pflanze, seht wie die Pflanze Euch anlacht und sagt: ›Schaut her, meine Beeren, wie schön sie sind‹. Ihr nehmt die Beeren in den Mund, sie schmecken abscheulich. Ihr spuckt sie aus. Seht, wie die Pflanze lacht und sagt ›Nicht wahr, sie schmecken nicht. Wenn Ihr nach meiner Medizin, nach meiner speziellen Energie gefragt hättet, hätte ich Euch geantwortet, Ihr müßt nach meinen Wurzeln graben, dort ist meine Medizin. Warum habt Ihr mich nicht danach gefragt, was Ihr sucht‹!« Rick, der Indianerschamane, sagt in seiner Sprache im Prinzip genau dasselbe wie Rosalyn Bruyere, die von der California-Universität überprüfte Auraleserin aus Los Angeles, für die es Teil der Therapie ist, verschiedene Bäume zu umarmen, um ihre spezielle Energie zu spüren.

Der Gegensatz zwischen den beiden Medizinmännern ist außerordentlich groß. Peter ist weltoffen, belesen, seine Fröhlichkeit weckt sofort Vertrauen, seine temperamentvolle, sprunghafte Art führt zu Gesprächen zwischen der Zubereitungsart polnischer Würste, die er in den Slums von Chicago kennen und schätzen gelernt hat, europäischer Musikkultur und rührend kindischen Streitigkeiten und Sticheleien zwischen den beiden Schamanen, die verschiedene Wege gehen. Peter möchte, daß die ganze Welt teilhat an dem Alten Wissen der Indianer, sein Weg bei den Indianern ist vergleichbar mit dem eines Therapeuten in unserer Gesellschaft. Rick ist Traditionalist, seine Aufgabe ist es, dafür zu sorgen, daß das mündlich weitergegebene Alte Wissen nicht verfälscht wird, daß jeder Handgriff bei den Heiligen Handlungen exakt so durchgeführt wird, wie es seit Tausenden von Jahren geschieht. Für ihn ist das Alte Wissen eine Religion, der Glaube an die ›reine Lehre‹ steht bei ihm im Vordergrund. Er ist eine Art Priester der radikalen Indianerbewegung, die die Öffnung den Weißen gegenüber mit Mißtrauen überwacht und sie dennoch gutheißt.

Wie Peter und Rick sind alle indianischen Schamanen Spezialisten. Einige sind wie Psychiater, andere Kräuterexperten, andere heilen, wieder andere sind Seher oder haben andere spezielle Fähigkeiten. Alle halten Zeremonien ab und dürfen niemanden zurückweisen, der kommt und um Hilfe bittet. Etwa die Hälfte sind Frauen, bei den Kräuterexperten sind sie in der Mehrzahl. Sie verstehen es auch besonders häufig, die Aura der Pflanzen zu lesen und an Hand der Aurafarben zu entscheiden, wann welche Pflanze zu pflücken ist. ›Die Pflanze spricht zu uns‹, ist ihre Erklärung für die Wahl einer bestimmten Pflanze zu einem bestimmten Zeitpunkt für eine bestimmte Krankheit. Wiederum Männer sind es, die die Fähigkeit besitzen, von einer Heilpflanze aus großer Entfernung ›gerufen‹ zu werden. Einige sollen in der Lage sein, auch in einer Dürreperiode, die Kräuter dort zu finden, wo andere sie vergeblich suchen. Nach intensiver Vorbereitung mit Gebeten und heiligen Handlungen, also Meditationen, stehen sie erst auf, wenn die Pflanze zu ihnen gesprochen hat, und sie genau wissen, wohin sie zu gehen haben. Dann gehen sie in die Wüste hinaus, sie brauchen weder nach rechts noch links zu sehen und steuern zielstrebig genau auf die eine Pflanze zu, die zur Heilung benötigt wird.

Wir erfahren von den beiden Medizinmännern, daß die Indianer durch die Zeremonien das Alte Wissen erlernen, bei ihnen sind die heiligen Handlungen gleichzeitig Unterrichtsstunden in Naturkunde auf Indianerart. Auch der Anbau von Pflanzen ist ihnen heilig, aus dem Bewußtsein heraus, daß es ohne Essen kein Leben gibt. Deswegen müssen Pflanzen ›aus dem ganzen Herzen heraus‹ gesät und großgezogen werden. Die Älteren weisen die Jüngeren an, daß nur dann gesät und gepflanzt werden soll, wenn ihr Herz rein ist und weder Ärger noch Zorn oder sonstige negativen Gefühle oder Gedanken in ihnen sind. Nur so kann die für das Wachstum der Pflanzen nötige Harmonie zwischen Pflanze, Erde und Mensch entstehen. Der Mensch wird eins mit dem Feld, das er bearbeitet. Um dies zu erreichen, soll der Mensch zu den Samen sprechen und mit ihnen singen, so werden sie ermuntert, mit Freude aus der Erde zum Licht emporzuwachsen. Zur Erntezeit soll man sich bei den Pflanzen und den ›Geistern‹ der Natur bedanken, die die Ernte ermöglicht haben.

Ab Sonnenuntergang haben wir nichts mehr gegessen. Wir

alle fasten als Vorbereitung für das große Ereignis des nächsten Tages, zu dessen Überwachung Rick gekommen ist. Wir werden gemeinsam Peters Kultstätte einweihen, die Sweat Lodge, die spirituelle Reinigungshütte der Indianer, bauen und die erste heilige Zeremonie darin erleben. Peter greift zur Trommel, er schlägt sie laut und selbstvergessen. Für die Indianer sagt die Trommel den Herzschlag der Menschen, der Völker, der Erde. Sie ist auch eine Quelle der Energie, die alles und jeden verbindet, sie wird weich geschlagen oder laut und durchdringend, sie gibt den Takt des Herzschlags der allumfassenden Natur an. Wir alle sitzen am Boden und meditieren mit Adlerfedern, Kristallen, Steinen und anderen speziellen Gegenständen aus Peters Medizin, die wir uns selbst für die Meditation ausgesucht haben. Unter Medizin verstehen die Indianer auch alle Gegenstände, die sie selbst gesammelt haben und bei ihren Zeremonien für die Heilung von Körper und Seele benutzen. Wer Adlerfedern ausgesucht hat, soll in der Meditation hoch fliegen, die Kristalle kommen tief aus der Erde, sie sprechen die Sprache der Tiefe, das Sweet Grass riecht süß und aromatisch und schenkt Leichtigkeit. »Denkt dran«, sagt Peter, »wir laufen jetzt auf Indianerzeit, das heißt, es gibt überhaupt keine Zeit mehr, hört der Trommel zu, laßt Euch mit den Tönen wegtragen, die Zeit des Weißen Mannes ist aufgehoben.« Irgendwann gibt Rick jedem von uns einen merkwürdigen Gegenstand in die Hand, im Halbdunkel sieht er aus wie ein Stein, eingefaßt in eine klebrige, dunkle Masse: »Fühlt die Energie, merkt Ihr, daß etwas zu Euch spricht?« Der ›Stein‹ fühlt sich warm an, je länger man ihn in der Hand hält, desto heißer wird er, nach einer Minute brennt er auf der Haut. Rick läßt uns lange im ungewissen, was wir da in der Hand gehalten haben, später erklärt er uns, daß es Peyote war. Peyote ist eine meskalinhaltige ›Wurzel‹, uralter Bestandteil der Schamanenmedizin der Indianer des Südwestens. Für

Zeremonien ist es den Indianern erlaubt, Peyote anzuwenden. Den besonderen Bewußtseinszustand, verursacht durch den Peyotewirkstoff Meskalin, nennen die Indianer ›die Pflanze spricht durch uns‹.

Spät in der Nacht, nach vielen Liedern und Tänzen, beginnt der wortkarge Rick eine lange Rede, er scheint uns gar nicht mehr wahrzunehmen: »Die Indianer beten heute, wie vor Tausenden von Jahren, noch immer in ihrer Sweat Lodge. Wir halten noch immer dieselben Zeremonien ab wie dereinst, Zeremonien, wie sie früher alle Völker der Erde kannten. Wir lehren dasselbe wie unsere Großväter und die Großväter unserer Großväter. Wenn wir Entscheidungen treffen, gebietet uns unsere Tradition, stets zu berücksichtigen, was unsere Entscheidung, unser Verhalten für Auswirkungen auf die siebte Generation nach uns hat. So haben wir gelernt, niemals kurzfristig, sondern sieben Generationen im voraus zu denken. Im Verlauf der Geschichte hier in Amerika, das wir Turtle Island, die Schildkröteninsel, nennen, haben viele ihre Tradition, die alten Überlieferungen, unsere alte Medizin, verloren. Aber heute finden mehr und mehr Menschen aller Hautfarben zurück zum Alten Wissen. Wir sagen nicht, der Rote Pfad ist der einzige Weg. Wir respektieren alle Wege, die im Gleichgewicht und in Harmonie mit der Mutter Erde sind. Wir säen den Samen, er wächst, die Mutter Erde ernährt ihn und zieht ihn groß. Für viele Menschen ist es schwierig zu erkennen, daß Pflanzen eine Seele haben. Oder daß diese Pflanze zu Euch sprechen kann, und daß auch Ihr mit ihr sprechen könnt. Wenn Ihr den Leuten sagt, diese Pflanze da hat eine Seele, werden sie sagen, ›nein, nur wir Menschen haben eine Seele‹. Wenn Ihr einen Baum fällt, so hört das Weinen des Baumes. Warum hören das einige und andere nicht? Die Kinder sehen den Geist des Baumes, der Pflanze, der Steine. Sie sprechen mit dem Baum und dem Stein. Laßt uns sein wie die Kinder, die noch in

Harmonie mit ihrem inneren Selbst leben. Wenn das Kind mit einer Blume redet, kommen irgendwann die Eltern und sagen ›Laß das, das ist doch Unsinn‹. Aber die Pflanze spricht weiter zu dem Kind, ›Komm her, rede mit mir, spiel mit mir‹. Wenn die Eltern dem Kind lange genug gesagt haben, daß das Grüne Volk keine Seele hat, verliert das Kind die Fähigkeit, mit der Natur zu reden. Wir Indianer lernen vielleicht nicht dasselbe wie Ihr, wir sind vielleicht nicht die Ingenieure, die Chemiker dieser Welt. Aber wenn wir über die Natur, die Mutter Erde und das Alte Wissen sprechen, dann haben wir alle unseren Doktortitel. Wir können mit der Erde sprechen, wir können mit den Pflanzen sprechen und sie fragen, ob sie uns gegen Krankheiten helfen. Jetzt, heute ist die Zeit gekommen, wo wir alle zusammenkommen müssen, um wieder eins mit der Schöpfung zu werden. Wir müssen zusammenarbeiten, Seite an Seite, Hand in Hand, so daß für unsere Kinder und die siebte Generation nach unseren Kindern noch etwas von diesem Planeten übrigbleibt, das ihnen Freude und Leben schenkt. Ihr seid zu uns nach Turtle Island gekommen, um die Fähigkeit wiederzufinden, mit den Pflanzen zu sprechen. Das ist einfach, geht hinaus, schämt Euch nicht, sprecht mit dem Grünen Volk wie mit mir. Lernt aber weiter, lernt das Ganze, lernt wie Eure Kinder zu sein, einfach zu denken und mit der Mutter Erde in Gleichgewicht und Harmonie zu leben, nur so können wir unsere Mutter retten. Betet in der Sweat Lodge nicht nur für Euch selbst, betet für das Grüne Volk und unsere Mutter Erde und alle Menschen. Wenn Millionen Menschen dasselbe tun, dann wird auch für Euch millionenfach gebetet.«

Kurz vor Sonnenaufgang gehen wir in den Wald, um das Holz für das Gerüst der Sweat Lodge zu schlagen. In das Inipi, so der traditionelle Ausdruck für die spirituelle Reinigungshütte, gehen die Indianer, um durch die Reinigung zu ›sterben‹ und wiedergeboren herauszukommen. Es gibt verschiedene Arten von Sweat Lodges, je nach Zweck dienen sie der Vorbereitung für eine große Beratung oder der Heilung einer kranken Person oder ›nur‹ der geistigen Reinigung wie in unserem Fall. Die heilenden Kräfte der Zeremonien sollen uns, körperlich, seelisch, geistig und von den Gefühlen her berühren. »Holistisches, ganzheitliches Heilen nennt man das in der New-Age-Terminologie,« erklärt uns Rick unterwegs, »aber wir machen das seit vielen Jahrtausenden so.«

Es ist noch ziemlich dunkel und neblig, als die beiden Schamanen beginnen, mit dem ›Großvater‹ der Bäume zu sprechen. Eine archaische Szene, wir fühlen uns in der Zeit zurückversetzt. Die beiden stehen andächtig vor dem größten der Weidenbäume. Ihre indianischen Worte verstehen wir nicht, aber wir wissen, daß sie den ältesten Baum, den Großvaterbaum, um Erlaubnis bitten, von seinen Kindern zu nehmen. Sie erklären ihm auch, daß sie das Holz für einen wichtigen und guten Zweck brauchen. Das Holz muß jung, frisch und biegsam sein, damit die Sweat Lodge daraus geformt werden kann. Rick nimmt aus seinem um den Hals hängenden Lederbeutel eine Prise Kinnikinnik, einer Mischung aus Tabak und getrockneten Kräutern und streut sie um den Baumstamm des Großvaterbaums. Diese Opfergabe ist der Dank der Indianer, daß sie das Holz schlagen dürfen. Die beiden holen etwa vier Meter lange, biegsame Stangen aus den Weidenbüschen. Bevor wir sie zu Peters Haus bringen, reden sie noch einmal mit dem Großvaterbaum. Sie stehen wieder regungslos vor ihm und bedanken sich noch einmal, daß er ihrer Bitte zugestimmt hat. »Das alles steht in keinem Buch, sondern im Herzen«, erklärt uns Peter. »Indianer kämen nie auf die Idee, den Regenwald abzuholzen. Wir nehmen von der Natur nur das, was wir unbedingt brauchen und auch immer so, daß wir sie nicht zerstören. Wenn alle das täten, könnten wir harmonisch mit der Natur leben und mit ihr kommunizieren, wie alle ursprünglichen Völker der Erde das getan haben.«

Den ganzen Tag über machen wir letzte Aufräumarbeiten auf der Lichtung neben Peters Haus und bauen die Sweat Lodge, die mit dem Holz der jungen Weidenbäume igluartig gebaute Hütte, die mit Decken und Tüchern so abgedeckt wird, daß es im Innern völlig dunkel ist. Viele Stunden brennt in der Nähe der Sweat Lodge ein Feuer, in dem große Steine erhitzt werden.

Als gegen Abend das ›Steinvolk‹ beginnt, rot zu glühen, sind alle eingetroffen, die beiden Medizinmänner haben zu der besonderen Einweihungszeremonie langjährige Freunde eingeladen: einen Chemieprofessor, international anerkannter Dioxinexperte, die Regierungsbeauftragte für Indianerfragen in Florida, einen Biologen, der sich mit Ethnobotanik beschäftigt, einen alten Zen-Meister, eine bekannte Fernsehjournalistin, deren Mann als Letzter aus Bagdad während des Golfkriegs berichtet hat, und eine griechische Physiotherapeutin. Dazu natürlich noch Peters Frau Ruth und wir. Schweigend schauen wir alle zu, wie Rick seine Heilige Pfeife behutsam aus einem Lederbündel auspackt und sie zusammen mit dem Lederbeutel, in dem die Kräutermischung für die Pfeife ist, und den Adlerfedern auf eine Art Erdaltar in Form einer Schildkröte vor der Sweat Lodge legt. Rick und Peter erklären uns übereinstimmend, wie wichtig die Heilige Pfeife für ihr Leben ist: »Nur auserwählte Personen tragen die Pfeife, die wir in unseren Zeremonien gebrauchen. Ihr betet, wenn Ihr die Heilige Pfeife raucht. Der Rauch geht höher hinauf zum Schöpfer als Eure Stimme reichen kann. Im Rauch sind Eure Gebete, die mit ihm weit hinter die Wolken reisen. Wir glauben, daß eines Tages der Rauch der Heiligen Pfeife die gesamte Erde umkreist und den Menschen Frieden bringt. Wenn Ihr einmal die Heilige Pfeife geraucht habt, seid Ihr für immer in ihr und damit in allen Heiligen Pfeifen.«

Rick, das Lederband mit einer Pfeilspitze um den Hals und nur noch mit einer kurzen Hose bekleidet, nimmt die Pfeife und hält sie in die Höhe. Dabei singt und betet er. Er geht allein in die Sweat Lodge, um die Pfeife zu stopfen. Als er wieder herauskommt, reinigt er mit den Adlerfedern und mit dem Rauch von drei Heiligen Kräutern unsere Aura, die letzte Vorbereitung für die Zeremonie. In die Sweat Lodge müssen wir auf allen vieren hineinkriechen, sie ist sehr niedrig gebaut. Peter bleibt draußen, seine Aufgabe ist es, auf das Feuer aufzupassen und alles heranzuschaffen, was Rick verlangt. Als erstes kommt ein riesiger Kübel mit kaltem Wasser und einer Schöpfkelle. Dann drei Dosen mit den Heiligen Kräutern: Die nordamerikanische Beifußpflanze, die uns helfen soll, von allem Negativen loszukommen, getrocknete Zedernrinde, Symbol dafür, daß der Schöpfer sich unserer annimmt und das getrocknete Sweet Grass, das dafür sorgt, das uns nur Gutes umgibt. Rick schlägt die Trommel und singt Gebete dazu, während Peter mit einer Eisengabel die ersten sieben glühenden Steine einzeln hineinbringt. Als Rick jeweils eine Prise der Heiligen Kräuter auf die glühenden Steine streut, erklärt er uns, auf die Figuren und Muster zu achten, wenn die Kräuter auf den heißen Steinen verglühen. Der Eingang wird mit einer Decke verschlossen. Es ist komplett dunkel und unglaublich heiß. Mit einem gewaltigen Paukenschlag, der durch den ganzen Körper geht, beginnt Rick ein neues Lied. Wir sitzen im Kreis um die glühenden Steine, betäubt vom Geruch der Kräuter, von der Hitze, und hören gebannt auf das Lied. Unsere Gefühle schwanken zwischen Neugier und leichter Panik, in uns klingt noch Ricks Bemerkung nach, daß eine Sweat Lodge fünf Minuten, fünf Stunden oder fünf Tage dauern kann. Zu unserer Überraschung spricht Rick in Gebetform uns alle einzeln an und charakterisiert jeden von uns mit Einzelheiten, die uns das Gefühl geben, daß der alte Medizinmann alles sieht und von uns weiß. Monate später erfahren wir von Peter eher beiläufig, daß Rick zu den indianischen Auralesern gehört, die im Dunkeln der Sweat Lodge das Licht, das unsere Körper ausstrahlen, besonders gut interpretieren können. Das Wasser zischt auf den heißen Steinen. Wenn es verdampft, glühen die Aschenreste der Kräuter noch einmal auf und zaubern Figuren in die Dunkelheit. Als wir gerade das Gefühl haben, wir halten die Hitze nicht mehr aus, kommt die nächste Überraschung, ohne Vorwarnung schüttet uns Rick in der völligen Dunkelheit kaltes Wasser zielgenau ins Gesicht. Nach weiteren Gebeten und Liedern wird der Eingang aufgemacht, Peter bringt die nächsten sieben glühendroten Steine hinein. Wir verlieren jegliches Zeitgefühl, Rick bittet uns, die Lieder mitzusingen, einige Texte hatten wir in der Nacht zuvor schon kennengelernt. Und immer wieder kommen neue Steine, wir wundern uns, daß uns die Hitze nichts mehr ausmacht. Dann fordert Rick uns auf, einzeln laut zu beten. Kaum fängt einer an, beginnt er zu trommeln und selbst laut zu singen, nur Wortfetzen der Gebete erreichen die anderen. Dann die Aufforderung, uns in den nächsten Minuten ja nicht zu bewegen. Rick schüttet auf einmal den ganzen Kübel voll Wasser auf die Steine, wir wissen nicht mehr, ob wir frieren oder der Dampf uns verbrennt.

Als die Decken von der Sweat Lodge hochgerollt werden, merken wir, daß es draußen schon dunkel geworden ist, in der feuchtheißen Luft Floridas zittern wir vor Kälte. Erst jetzt erkennen wir, daß die andere, reale Welt noch existiert.

Wir stehen draußen vor der Sweat Lodge, die Heilige Pfeife wird angezündet, jeder muß den herausgeblasenen Rauch mit den Händen zum Herzen, zur Stirn und über den Kopf verteilen. Wir haben die Heilige Pfeife geraucht, die Zeremonie ist beendet.

Rick umarmt uns, und wir sehen ihn zum ersten Mal lächeln: »Wir danken Euch, daß Ihr zu uns gekommen seid. Erzählt bei Euch zu Hause von unserem Weg. Es ist für uns alle sehr wichtig, daß die Menschen begreifen, daß jeder mit dem Grünen Volk reden kann, wenn man seine Seele sprechen läßt.«

Kapitel VII: Blüteninformation als Heilmittel

Ziegenhain, Deutschland
Braunschweig-Harxbüttel, Deutschland

Gerade ist eine Frau zu dem alten Fachwerkhaus herüberge-
kommen, sie bestaunt die prächtigen Fuchsien. »Wie haben
Sie die nur wieder so hingekriegt?« erkundigt sie sich überrascht. Die Fuchsien hatten zwei Tage zuvor einen akuten
Läusebefall gehabt, ließen die Blätter hängen, es stand nicht
gut um sie. Dr. Claudia Monte versichert ihrer Nachbarin,
daß sie die Läuse nicht mit Chemie weggespritzt hätte, sondern ins Gießwasser der Fuchsien ›nur ein paar Tröpfchen
Blütenextrakte‹ gegeben hat.
Claudia Monte ist nicht etwa Gärtnerin mit dem berühmten
›grünen Daumen‹, sondern Ärztin. Sie arbeitet als Assistenz-
ärztin im Kreiskrankenhaus in Ziegenhain, in der Abteilung
für Gynäkologie und Geburtshilfe. Das Spezielle bei ihr ist,
daß sie die ›Blütenextrakte‹ normalerweise bei ihrer Arbeit
als Ärztin, besonders bei Geburten, verwendet: »Ich benutze Bach-Blüten seit vielen Jahren bei der Geburtshilfe,
sowohl für die Mütter als auch bei den Säuglingen. Hier am
Krankenhaus in Ziegenhain hatten wir etwa 120–130 Geburten mit Bach-Blüten, die ich durchgeführt habe. Alle unsere
Bach-Blütenkinder waren nach der Geburt besonders fit.«
Bei Bach-Blüten handelt es sich nicht um die Blüten von
Blumen, die an einem Bach gewachsen sind. Der Name geht
zurück auf den britischen Arzt Dr. Edward Bach, der in der
ersten Hälfte unseres Jahrhunderts 38 Pflanzen auswählte,
deren Blütenextrakte er zu therapeutischen Zwecken ein-
setzte. Er wollte damit allen Menschen eine Heilmethode an

die Hand geben, mit der sie einfach und ohne Risiken sich selbst und ihren Familienangehörigen helfen konnten, oder noch besser, Krankheiten gar nicht erst entstehen ließen. Er war bereits in den dreißiger Jahren Verfechter einer ganzheitlichen Betrachtungsweise vom Menschen und seinen Krankheiten: »Krankheit ist weder Grausamkeit noch Strafe, sondern einzig und allein ein Korrektiv; ein Werkzeug, dessen sich unsere eigene Seele bedient, um uns auf unsere Fehler hinzuweisen, um uns von größeren Irrtümern zurückzuhalten, um uns daran zu hindern, mehr Schaden anzurichten – und uns auf den Weg der Wahrheit und des Lichtes zurückzubringen, von dem wir nie hätten abkommen sollen.«[26] Von ihm wird berichtet, daß er intuitiv erfaßte, welche Pflanzen durch ihre speziellen Energiemuster den Menschen heilen können. Er gab seine gutgehende Londoner Praxis auf, um sich ausschließlich der Weiterentwicklung seiner Methode zu widmen. In Beschreibungen seines Lebenswerks wird geschildert, daß er nur ein Blütenblatt auf seine Zunge legen mußte, um zu wissen, welche positiven Energien und Heilkräfte die Pflanze hatte. Er wählte nicht die klassischen Arzneipflanzen der Medizin, sondern die Blüten wildwachsender Pflanzen und Bäume, von denen viele landläufig als Unkräuter bezeichnet werden. Auch heute noch werden die Bach-Blüten nicht etwa angebaut, sondern in der Natur gesammelt, weil sie nur so ihre ›spezielle Lebensinformation‹ oder, wie Bach es formulierte, ihre ›göttliche Kraft‹ besitzen und weitergeben können. 1934 schrieb er über die Wirkung seiner Methode: »Bestimmte wildwachsende Blumen, Büsche und Bäume höherer Ordnung haben durch ihre hohe Schwingung die Kraft, unsere menschlichen Schwingungen zu erhöhen und unsere Kanäle für die Botschaften unseres spirituellen Selbst zu öffnen; unsere Persönlichkeit mit den Tugenden, die wir nötig haben, zu überfluten und dadurch die (Charakter)-Mängel auszuwaschen, die unsere Leiden verursachen... Es gibt keine echte Heilung ohne eine Veränderung in der Lebenseinstellung, des Seelenfriedens und des inneren Glücksgefühls.«[27]) Bach entwickelte zwei Verfahren, um die ›Essenz‹ oder die ›Seele‹ der Pflanzen für viele Menschen zugänglich zu machen. Grundsätzlich dürfen die Blüten beim Pflücken nicht mit den bloßen Händen angefaßt werden, als Schutz wird ein Blatt derselben Pflanze beim Pflücken benutzt. Gepflückt werden nur ausgereifte Blüten am Morgen eines sonnigen Tages. Die Blüten kommen für einen Tag in Quellwasser, wobei die ›Essenz‹ der Blüten in das Wasser übergeht. Das Wasser wird anschließend filtriert und mit reinem Alkohol konserviert. Bei Pflanzen, die früh im Jahr blühen, bevor die Sonne ihre volle Kraft erreicht hat, werden die Blüten auf dieselbe Art gepflückt und in Quellwasser gelegt, das dann aber vor dem Filtrieren aufgekocht wird. Anschließend wird wieder mit Alkohol konserviert. Die so erhaltenen Extrakte werden verdünnt und vom Bach-Centre in England in kleinen Tropffläschchen in alle Welt verschickt. Der Sitz des bundesdeutschen Bach-Centres, wo die klassische Bach-Blütentherapie gelehrt wird, ist Hamburg.

Die kleinen Fläschchen mit den Bach-Blütenextrakten setzt Claudia Monte als Ärztin in einem Krankenhaus ein, nicht etwa heimlich, sondern mit Unterstützung des Chefarztes, als Therapie bei der Geburtshilfe und auch zur Heilung von Krankheiten: »Ich habe mit Bach-Blüten sehr schöne Erfolge bei verschiedenen Krankheiten und in kritischen Situationen erzielt, sowohl im Krankenhaus als auch bei Bekannten und bei meiner Familie. Zum Beispiel bei Wassereinlagerungen im Körper während der Schwangerschaft, zur Heilung von Wunden, bei verschiedenen Hautkrankheiten, sogar bei Fußpilz und bei einer Blutvergiftung. Die meisten Erfahrungen habe ich natürlich in der Gynäkologie gesammelt. Erst neulich hatten wir eine Patientin, deren Muttermund nach zwölf Stunden kräftiger Wehen nur einen Zentimeter geöffnet war. Wir hatten alles probiert, was es an Chemie und physikalischen Methoden gibt und wollten die Frau gerade darauf vorbereiten, daß wir wohl einen Kaiserschnitt machen müßten. Da fiel uns auf, daß sie ständig die Stirn runzelte und auch den Mund so angespannt zusammenpreßte. Wir gaben ihr daraufhin eine bestimmte Bach-Blütenkombination. Zu unserer Überraschung war der Muttermund nach fünfzehn Minuten richtig erweitert, innerhalb der nächsten zwei Stunden kam es dann zu einer normalen Geburt. Ein anderer Fall, den ich nie vergessen werde, war der einer Frau, die in der Preßphase völlig weggetreten war. Sie reagierte auf nichts mehr. Die Herztöne des Kindes waren schlecht, ich wollte schon den Oberarzt alarmieren – das gehört zur Krankenhausroutine in kritischen Fällen –, gab ihr aber schnell noch die Bach-Notfalltropfen auf die Zunge. Wir sahen alle, wie ihr Blick sofort etwas klarer wurde. Nach zwei Minuten war sie wieder in der Lage zu sprechen, und wie aus dem Tiefschlaf erwacht, fragte sie mich, was denn los sei. Wir sagten ihr, daß das Kind schnell raus muß. Da hat sie einmal gepreßt, und das Kind war da. So schnell hätten wir den Oberarzt gar nicht holen können.« Am Kreiskrankenhaus in Ziegenhain wird mit Billigung von mittlerweile zwei Chefärzten in der Geburtshilfe nicht nur mit Bach-Blüten, sondern auch mit klassischer Homöopathie gearbeitet, das sind die Gründe dafür, warum sich viele Frauen aus der nahegelegenen Universitätsstadt Marburg dazu entschließen, zur Entbindung aufs Land in das Ziegenhainer Kreiskrankenhaus zu gehen. Auch anderswo in Deutschland nutzen Hebammen und Ärzte in der Geburtshilfe die Bach-Blütenextrakte, zum Beispiel an der Bethesda-Klinik in Duisburg. Dort ist man jedoch skeptischer, weil keine eindeutigen Beweise für Heilerfolge erbracht werden konnten, und auch der Wirkungsmechanismus der Bach-

Blüten für die Schulmedizin nicht erklärbar ist. Letzteres überrascht Anhänger der Bach-Blütentherapie wenig, sie betonen ja, daß es sich um die Übertragung geistiger Energien durch Blüteninformation handelt. Der Skepsis der Schulmedizin stehen so die Erfolgsberichte aus aller Welt von Ärzten, Heilpraktikern, Veterinärmedizinern, Krankenschwestern und Privatpersonen gegenüber; ein Ende der Diskussion um die Bach-Blüten ist auch nach nunmehr 55 Jahren ihrer Anwendung nicht in Sicht.

Eine spezielle Kombination aus Bach-Blütenextrakten entwickelte Frau Dr. Monte für Säuglinge, deren Mütter während der Schwangerschaft geraucht haben. Diese Neugeborenen sind oft besonders unruhig und durcheinander, weil sie nach ihrer Geburt mit dem Nikotinentzug fertig werden müssen. Am Ziegenhainer Kreiskrankenhaus bekommen diese Babys eine Bach-Blüten-›Entzugsmischung‹, von der immer ein fertiges Fläschchen bereitsteht. Claudia Monte zieht auch hier eine positive Bilanz: »Mit dieser speziellen Bach-Blütenkombination geht es den Kindern viel besser, sie beruhigen sich, schreien nicht, können gut schlafen, behalten die Milch im Magen und nehmen normal zu.«

Claudia Monte ist sicher keine Träumerin, sondern eine ausgesprochen selbstbewußte und energische Person. Sie ist Ende dreißig und steht mitten im Leben, als Ärztin und auch als Mutter zu Hause, sie hat selbst vier Kinder. Es ist überraschend, wie sie mit ihrem ganzen schulmedizinischen Wissen keine Schwierigkeiten hat, sich zur Bach-Blütentherapie zu bekennen: »Bach-Blüten sind ja nichts anderes als Energie, als die Übertragung einer Information von einer Pflanze auf den Menschen. Die Energie- oder Informationsdefizite beim Menschen, die die Krankheiten verursachen, kann man mit dem Energie- und Informationsinhalt der Bach-Blütenextrakte ausgleichen. Jede Pflanze hat eine bestimmte Ausstrahlung, die in der Lage ist, einen negativen menschlichen

Seelen- oder Gemützustand auszugleichen. Für mich ist es ein sehr schönes Beispiel, daß der alte Bismarck unter Eichenbäumen wandelte, wenn er sich schlapp und müde fühlte. Eiche ist bei den Bach-Blüten für die, die unermüdlich kämpfen und davon müde sind. Wenn sie Eichentropfen einnehmen, haben sie wieder Kraft. Bismarck muß das gespürt haben. Ich sehe keinen Widerspruch darin, daß ich Ärztin bin und Bach-Blüten zur Therapie benutze. Alles hat seinen Platz, ich würde nie auf die Idee kommen, bei einem Beinbruch Bach-Blüten statt eines Gipsverbands zu verwenden.«

Plötzlich bringt sie einen Korb mit 38 braunen Fläschchen. In jedem Fläschchen ist der Blütenextrakt einer anderen Pflanze, der nach dem Rezept von Dr. Bach hergestellt worden ist. Dr. Monte: »Wenn Sie jetzt meine Patienten wären, würde ich Sie bitten, Flaschen auszusuchen. Sie sollten nicht wahllos in den Korb hineingreifen, sondern mit der linken Hand langsam über die Flaschen fahren, ohne sie zu berühren. Sie werden irgendwann ein Kribbeln oder eine Wärme in der Hand spüren und das Fläschchen aussuchen, das gerade unter ihrer Hand ist.« Wir machen das Aussuchen sofort neugierig mit. Bei drei Flaschen haben wir das Gefühl, wir sollten zugreifen. Sie notiert die Namen von den Etiketten und legt die Flaschen in den Korb zurück. Dann schließt sie die Augen und fährt mit ihrer Hand über die braunen Fläschchen und wählt fünf aus. Sie wundert sich überhaupt nicht darüber, daß die drei, die wir ausgesucht hatten, auch dabei sind: »Was ein Patient sich aussucht, darauf kann ich mich immer verlassen, am besten funktioniert es bei Kindern, die völlig unvoreingenommen an die Sache herangehen. Meistens ergänze ich die Auswahl, ich werde Ihnen aus diesen fünf Essenzen eine Mischung mitgeben. Nehmen Sie viermal täglich vier Tropfen in einem halben Glas Wasser aufgelöst, aber bitte benutzen Sie keinen Metallöffel zum

Umrühren. Sie werden erleben, daß Sie viel mehr Energie haben, wenn Sie die Tropfen nehmen.« Sie erklärt uns, welche Pflanzen für die 38 Essenzen der Bach-Blütentherapie genommen werden und wofür sie gut sind. Sie hat sich angewöhnt, die englischen Pflanzennamen, die auf den Etiketten stehen, zu verwenden, ›Star of Bethlehem‹, ›Cherry Plum‹, ›Wild Rose‹, ›Mimulus‹. Die englischen Namen klingen interessanter, der ›Star of Bethlehem‹ heißt zu Deutsch Doldinger Milchstern, verwandt ist er mit Zwiebeln und Knoblauch. Er ist häufig Bestandteil der Bach-Blütentherapie für Säuglinge und soll jedem helfen, ein traumatisches Erlebnis, wie zum Beispiel die Geburt, zu verkraften. Dr. Bach nannte ihn den Seelentröster und Schmerzensbesänftiger. ›Cherry Plum‹, die Kirsch-Pflaume, ist eine Buschsorte, die in England als Windschutz für Obstplantagen verwendet wird, sie bringt das Prinzip der Offenheit und der Gelassenheit. ›Wild Rose‹, die Zaunrose, hilft die innere Resignation zu überwinden und schenkt Lebensfreude. ›Mimulus‹, die gefleckte Gauklerblume, läßt die Ängste verschwinden und gibt neues Vertrauen. Für alle 38 Essenzen existieren umfangreiche Erklärungen, auch für die Notfalltropfen, die in akuten Fällen angewandt werden und eine Mischung mehrerer Blütenextrakte sind. Sie sollten – wie Claudia Monte betont – in keiner Hausapotheke fehlen.

Wir diskutieren mit der jungen Ärztin noch lange die möglichen Theorien, wodurch die Bach-Blüten wirken könnten. Selbstverständlich erzählen wir von Rupert Sheldrakes morphogenetischen Feldern und von der Methode der Indianer, die Kräuter nach ihrer Aura auszusuchen. Die neuen Ansätze einer ganzheitlichen Medizin kommen zur Sprache, die Übertragung von Energie, von Naturinformation, die dem Menschen fehlt und dadurch schließlich krank macht. Auch über neue holistische Behandlungsmethoden sprechen wir, die viele neue Behandlungsmethoden miteinander verbinden, die man erleben muß, um ihre Wirksamkeit zu erfahren.

Claudia Monte erzählt, wie sie selbst in einer Gesundheits- und Lebenskrise durch die Braunschweiger Therapeutin Elisabeth Gereke die Bach-Blüten kennenlernte und durch ihre Behandlung wieder gesund wurde. Elisabeth Gereke arbeitet – im Gegensatz zu der Ärztin – nicht mit einer Kombination aus Schulmedizin und Bach-Blüten, sondern intuitiv. Erst im Alter von 44 Jahren entdeckte sie mehr oder weniger ›zufällig‹ ihre besondere Fähigkeit zum Heilen, heute läuft ihre Praxis gut, pro Tag nimmt sie immer nur drei Patienten an, weil sie nie im voraus weiß, wie lange die Behandlung dauern wird. Sie hat ihre eigene Behandlungsmethode entwickelt, eine Kombination aus Fußreflexzonenmassage und Bach-Blütentherapie: Die verschiedenen Reflexzonen an der Fußsohle massiert sie mit jeweils verschiedenen Blütenextrakten. Wenn sie schmerzhafte Punkte findet, zieht sie »die Schmerzen aus der Fußsohle mit den Händen heraus«.

Aromaextrakte von Pflanzen und die Bach-Blütenextrakte sind in ihr Leben voll integriert. Sie benutzt sie täglich für sich selbst, cremt sich morgens mit einer selbst hergestellten Gesichtscreme ein, gibt am Abend zur Entspannung je nach Bedarf verschiedene Pflanzenessenzen ins Badewasser und stellt selbst Kosmetika mit Aromaextrakten und Blütenessenzen her. Wie die Ärztin Claudia Monte ist sie auch überzeugt davon, daß die Pflanzenessenzen positive Energien und Lebensinformationen beinhalten, die bei entsprechender Anwendung auf den Menschen übertragen werden und dadurch helfen. Elisabeth Gereke: »Wir sind gerade erst dabei zu entdecken, was die Pflanzen uns alles sagen und schenken können. Das gibt mir die Lebensfreude und die Kraft zum Arbeiten.«

Kapitel VIII: Pflanzenkommunikation – Do it yourself

München, Deutschland
Ulm, Deutschland

Einige Menschen, die mit dem ›grünen Daumen‹, besitzen von vornherein die Fähigkeit, mit ihren Blumen und Bäumen zu sprechen, dabei ist es unwichtig, ob sie wirklich laut sprechen oder das Gespräch mit der Pflanze nur in Gedanken abläuft. Sie haben die Gabe, auch die Antworten der Pflanzen zu ›hören‹, auch wenn sie von zu Hause, wo die Pflanzen sind, weit entfernt sind. Für die, die diese Fähigkeit nicht haben, aber das ›Grüne Volk‹ als Lebewesen achten und gern mit ihm Kontakt aufnehmen würden, gibt es Methoden, die den Anfang erleichtern. Nach den ersten Schritten wird jeder seinen eigenen Weg gehen müssen, der der eigenen Persönlichkeit, den eigenen Voraussetzungen entspricht.

Die Kraft der Gedanken

Die folgenden Versuche mit Pflanzen, die der bekannte Münchner Therapeut Dr. Henning von der Osten regelmäßig in seinen Seminaren durchführt, eignen sich ganz besonders als Einstieg in die Pflanzenkommunikation: »Jedes Jahr machen wir diesen eindrucksvollen Versuch. Wir kaufen zwei gleich große Parmaveilchen in Töpfen und stellen sie an eine Stelle, wo beide das gleiche Licht bekommen. Selbstverständlich werden sie gleichzeitig mit der gleichen Menge Wasser regelmäßig gegossen. Der eine Topf hat ein Minus-

zeichen, der andere ein Plus. Wir sprechen in der Gruppe ab –
da sind etwa zwanzig Personen –, daß jeder einmal pro Tag zu
den beiden Pflanzen hingeht und mit ihnen redet. Dabei ist es
jeder Person überlassen, ob sie das laut tun will oder nur in
Gedanken. Wichtig ist nur, daß die Pflanze mit dem Minuszeichen beschimpft wird, wirklich hart beschimpft, so im
Stile: Du sollst kaputtgehen, Du bist häßlich, niemand
braucht Dich, ich wünsche Dir, daß Du Deine Blüten ver-
lierst, daß Deine Blätter zusammenschrumpfen. Die Pflanze
mit dem Pluszeichen wird gelobt und für schön gehalten: Du
bist wunderschön, Dein Blau ist schöner als der Himmel, ich
möchte, daß es Dir immer gut geht, daß Deine Blüten lange
ihre Pracht zeigen und bitte vergiß nie, daß ich Dich brauche.
Seit vielen Jahren lasse ich diesen Versuch von jeder Ausbil-
dungsgruppe machen, nach etwa zehn Tagen sieht man bereits einen deutlichen Unterschied zwischen den beiden
Pflanzen. Das Veilchen mit dem Minuszeichen zeigt Schwä-
che: Die Blüten werden nicht so groß, es wird trockener,
obwohl es gleich gegossen wird, die Pflanze läßt die Blätter
hängen. Dem anderen Parmaveilchen geht es prächtig, all
diese Unterschiede nehmen bis zum Kursende noch zu. Damit die Teilnehmer kein schlechtes Gewissen zu haben brauchen, verspreche ich ihnen, nach dem Kurs beide Pflanzen zu
mir nach Hause zu nehmen und mich ganz besonders um das
beschimpfte Veilchen zu kümmern. Nach einigen Wochen
sind durch liebevolles Zureden die Unterschiede zwischen
den beiden Veilchen nicht mehr vorhanden. Und dann passiert etwas sehr Merkwürdiges: Regelmäßig lebt die zuerst
beschimpfte und dann aufgerichtete Pflanze länger, ist kräftiger und gesunder und hat schönere Blüten als die andere. Die
Parallele zum Menschen drängt sich auf. Wer durch Leid
durchgegangen ist, wer die Krisen als Chance zum Wachsen
begriffen hat, der ist auf seinem Weg weitergegangen, ist rei-
fer geworden und lebt sein Leben intensiver und schöner.«

Für den Therapeuten Henning von der Osten dient dieser Versuch dazu, den Teilnehmern seiner Seminare zu zeigen, welche Kraft von Gedanken ausgeht, was negative Gedanken anrichten und was positive Gedanken bewirken können. Damit die Teilnehmer die ›Kraft der Gedanken‹ an sich selbst spüren, läßt er sie parallel zum Pflanzenversuch eine Übung machen: Zwei Personen, A und B, sitzen am Boden gegenüber. A schließt die Augen, B beschimpft in Gedanken sein Gegenüber. Nach einigen Minuten hört B abrupt auf, A zu beschimpfen. A hat die Aufgabe, seine Augen zu öffnen, wenn er spürt, daß B mit dem Negativen aufgehört hat. Henning von der Osten: »Wir müssen diese Übung zwar ein paarmal wiederholen, aber dann ist es für die Teilnehmer verblüffend, festzustellen, daß sie auf die Sekunde genau spüren, wann ihr Gegenüber aufgehört hat, negative Gedanken zu senden.«

Für alle Pflanzenversuche gibt es eine Grundvoraussetzung: Der Glaube, daß es funktioniert, muß von Anfang an vorhanden sein. Wenn jemand es lächerlich findet, eine Pflanze zu beschimpfen, weil er meint, daß die Pflanze das sowieso nicht mitkriegt, dann wird die Pflanze nichts mitkriegen, weil sie ja auch nicht wirklich mit Überzeugung beschimpft wurde. Das Gleiche gilt auch beim Positiven, nur die ernstgemeinten Gedanken ›kommen rüber‹, halbherzige Gedanken haben eben keine Kraft und deswegen wirken sie nicht. Menschen, die nicht daran glauben w o l l e n, daß man mit Pflanzen kommunizieren kann, müssen begreifen, daß lediglich ihr Wille im Wege steht. Jeder kennt das Phänomen: Wenn jemand etwas nicht lernen will, schafft er es nicht. Wenn jemand glaubt, etwas nicht machen zu können, kann er es auch nicht. Dies gilt vom Begreifen von Mathematik bis hin zum Lernen von Fremdsprachen. Ein Ausländer, der Deutsch nicht lernen will oder der glaubt, niemals in der Lage zu sein, Deutsch zu lernen, kann zwanzig Jahre in

Deutschland leben und immer noch nicht richtig Deutsch sprechen. Die Skeptiker der Pflanzenkommunikation sollten nicht meinen, daß der unerläßliche Glaube am Anfang des Versuchs gleichbedeutend ist mit Selbstbetrug oder Selbsthypnose, denn am Ende des Experiments werden sie den sichtbaren Beweis haben. Vorausgesetzt, am Anfang war der Glaube.

Die Sprache der Pflanzen ist für uns in den westlichen Industriegesellschaften – im Gegensatz zu den Naturvölkern – zur Fremdsprache geworden. Henning von der Osten: »Die Indianer können ganz normal mit den Pflanzen reden, weil sie sich noch nicht von der Natur entfernt haben. Ein Haus, der Asphalt, allein die vielen äußerlichen Mauern zwischen uns und der Natur! Von den geistigen Mauern ganz zu schweigen. Es gibt einen indischen Spruch: Gott schläft im Stein, atmet in der Pflanze, träumt im Tier und erwacht im Menschen. Wir sind alle Eins, nur haben wir das vergessen. Um dies wieder ins Gedächtnis zu rufen, eignet sich ausgezeichnet die ›Gänseblümchenmeditation‹, die jeder machen kann. Es genügt, sich hinzusetzen, die Augen zu schließen und sich eine Gänseblume vorzustellen. Dann fängt man an, immer kleiner zu werden, bis man so klein ist, daß man gar keine Probleme hat, in den riesigen grünen Stengel hineinzutreten und langsam wie in einem Treppenhaus durch den Stengel nach oben zu gehen. Man klettert hinaus auf das goldene Mittelstück, riecht den Nektar des goldenen Teppichs, schmeckt ihn, läßt ihn auf der Zunge zergehen, riecht selbst nach Nektar. Um das goldene Mittelstück herum sind diese großen weißen Blütenblätter. Man muß sich ziemlich anstrengen, um von einem weißen Blatt zum anderen zu springen. Man springt immer schneller, federt mit den Füßen, man tanzt von Blatt zu Blatt! Dann klettert man wieder durch den grünen Stengel hinunter, setzt sich auf den Boden und wächst wieder. Wenn man dann die Augen öffnet, schaut die Welt genauso aus wie vorher, aber jeder, der die Übung gemacht hat, ist um die Erfahrung, wie das Gänseblümchen ist, wie es schmeckt, wie es riecht, wie es sich innen und außen anfühlt, reicher geworden. Irgendwann in unserer Geschichte ist die Weichenstellung passiert, daß wir angefangen haben, uns von der Natur zu entfernen. Einige würden sagen, daß das mit dem ›Sündenfall‹ begann, als die Menschen vom Baum der Gegensätze aßen. Andere siedeln diesen Zeitpunkt am Ende der Eisenzeit an, wo die Menschen anfingen, sich immer stärker mit ihrem ›Ich‹ zu identifizieren. Je mehr man sich individualisiert, desto mehr verliert man den Kontakt mit den Pflanzen, den Steinen, der Natur. Heute haben wir jede nur denkbare Entfernung von der Natur erreicht, weiter geht es nicht. Aber ich habe Hoffnung, weil ich sehe, daß immer mehr Menschen zu der Natur, zu sich selbst zurückfinden.«

Ein anderer Pflanzenversuch, der auch einen für jeden sichtbaren Beweis liefert, ist der Blättertest. Dazu braucht man zwei gleichgroße Blätter derselben Pflanze, die man nebeneinander so hinlegt, daß keine Licht- oder Temperaturunterschiede auftreten können. Bei diesem Versuch muß man lediglich mindestens dreimal pro Tag dem einen Blatt gut zureden, am Leben zu bleiben. Man soll es loben, ihm sagen, was für eine schöne Form es hat, wie gut und frisch es riecht, man bittet es, seine Schönheit zu bewahren und am Leben zu bleiben. Dem anderen Blatt erklärt man, daß es ja abgeschnitten ist und jetzt austrocknet, daß es sich nicht dagegen wehren kann, sich vor lauter Trockenheit zusammenzurollen. Je nach Luftfeuchtigkeit des Raums, in dem die beiden Blätter sind, dauert es mehrere Tage, bis die Unterschiede sichtbar werden. Aber das Blatt, das man gebeten hat, am Leben zu bleiben, bleibt Tage, sogar Wochen länger frisch und behält die ursprüngliche Farbe länger.

Wer den ersten Blättertest schon mit Erfolg durchgeführt

hat, kann sogar weitergehen: Man legt zwei neue Blätter zum Versuch hin und prägt sich das Bild der beiden Blätter gut ein. Man muß in der Lage sein, beide Blätter vor Augen zu haben und sie zu unterscheiden, damit man sich in Gedanken wirklich auf das richtige Blatt konzentrieren kann. Dann geht man nicht mehr hin zu den Blättern, sondern beschimpft das eine und ermuntert das andere – aus der Ferne, vom Arbeitsplatz aus oder unterwegs zum Einkaufen oder wo immer man ist. Das Ergebnis ist dasselbe wie beim ersten Blättertest.

Einen noch größeren Unterschied zwischen den beiden Blättern kann man mit einer anderen Variante des Blättertests erreichen. Zum Versuch legt man zwei Blätter wieder in einer Entfernung von dreißig bis vierzig Zentimetern nebeneinander hin. Dieses Mal kümmert man sich um das ›Negativblatt‹ überhaupt nicht. Über das ›Positivblatt‹ hält man dreimal pro Tag die rechte Hand in einer Entfernung von etwa fünf Zentimetern. Das Blatt soll aber niemals berührt werden. Es genügt, dies etwa drei Minuten lang zu tun; während man die Hand über das Blatt hält, werden ›positive‹ Energien geschickt. Es ist dabei nicht einmal notwendig, das Blatt in Gedanken zu bitten, länger am Leben zu bleiben. Die positiven Energien, die hier nicht nur über die Gedanken, sondern auch über die Hand übertragen werden, die knapp oberhalb des Blattes ist, bewirken, daß das ›Positivblatt‹ wesentlich länger am Leben bleibt als das andere.

Durch diese Versuche kann jeder für sich gleichzeitig zwei Türen aufmachen. Durch die eine Tür tritt man in die gemeinsame Welt aller Lebewesen ein und erfährt, daß Pflanzen in der Lage sind, auf Gedanken zu reagieren, also mit dem Menschen zu kommunizieren. Durch die andere Tür öffnet sich die Welt, die viele für die Welt des Okkulten halten, denn die Gedanken bewirken etwas, das nach fester Überzeugung der Ideologen des Verstandes und der Wissenschaft nur ein Behälter mit Wasser und Düngemittel erreichen kann.

Die hier dargestellten Versuche dienen dem Zweck, die allerersten Schritte zur Pflanzenkommunikation selbständig unternehmen zu können. Ihr Sinn ist, daß jeder für sich selbst die Gewißheit erlangen kann, daß eine Kommunikation stattfindet. Auch die im Kapitel V ›Der Regenbogen hinter dem Regenbogen‹ beschriebene Meditation mit verschiedenen Bäumen eignet sich gut, Kontakt mit dem Pflanzenreich aufzunehmen. Das Besondere bei dieser Form der Kommunikation ist, daß hier der Mensch von den Bäumen ›Lebensinformationen‹ bekommt, hier geht es darum, daß die speziellen Energien der großen alten Bäume dem Menschen helfen, seine innere Ruhe wiederzufinden oder in der Sprache der Therapeuten ausgedrückt, seine Mitte zu finden. Die großen alten Bäume haben eine Menge zu sagen.

Pflanzenkommunikation als Dauergespräch für Technikfreaks

In Ulm hat sich 1991 eine Gruppe von Wissenschaftlern, Elektronikfreaks und Leuten mit ›grünem Daumen‹ zu einem ›Arbeitskreis für Biokommunikation‹ zusammengeschlossen. Die Initiative dazu war ausgegangen von Heinrich Brunner, Chemiker an der Universität Ulm, der die Arbeiten auch koordiniert, Bernd Fischer, chemisch-technischer Assistent und Lothar Miller, der Elektrotechnik studiert und ein begeisterter Elektronik-Bastler ist. Die Gruppe ist fasziniert von der Möglichkeit, mit Hilfe technischer Geräte die Reaktionen von Pflanzen sichtbar zu machen, daher wurden als erstes neue, handliche Meßgeräte entwickelt, an die die Pflanzen Tag und Nacht angeschlossen sind. Nach diversen Tests wurden neue Elektroden gebaut, über die –

ohne die Blätter zu beschädigen – die elektrischen Signale der Pflanzen in das Meßgerät geleitet werden. Das Meßgerät und die Elektroden sind einfach zu handhaben und für jeden erschwinglich. Das Problem ist, wie die Signale der Pflanzen sichtbar gemacht werden. Bislang werden sie von einem Schreiber auf einer Endlos-Papierrolle aufgezeichnet. Da der Schreiber für den Hausgebrauch relativ teuer ist, arbeitet die Gruppe zur Zeit daran, die Pflanzensignale direkt in einen Personal-Computer einzugeben. Solche Computer stehen heutzutage in vielen Haushalten, also kann die teure Investition in den Schreiber entfallen. Der Gruppe kommt es aber auch darauf an, für Pflanzenversuche kein Papier zu verwenden, wofür Bäume sterben müssen.

Nach vielen Vorversuchen haben alle vom Arbeitskreis für Biokommunikation eigene Meßgeräte zu Hause, die die Signale der Pflanzen Tag und Nacht aufzeichnen. Die Protokolle dieser Experimente lesen sich wie ein Tagebuch. In den Aufzeichnungen sind Tagesereignisse und Daten, Gefühle und Gedanken der Person festgehalten, deren ›persönliche Pflanze‹ an den Messungen teilnimmt. Einige haben mit Pflanzen gearbeitet, die sie seit langem kannten, andere haben extra neue Pflanzen gekauft, um bewußt eine neue Beziehung ›einzugehen‹. Der Tag-Nacht-Rhythmus der Pflanzen wurde genauso sorgfältig dokumentiert wie Gespräche mit ihnen. Die Pflanzen bekamen Musik vorgespielt von Händels Wassermusik bis zu den Beatles und den Scorpions. Bernd Fischer, einer aus der Gruppe, der von sich selbst meint, er hätte nie einen grünen Daumen gehabt, ist heute noch überrascht, wie einfach es ist, mit den Pflanzen zu kommunizieren: »Bei vielen Versuchen habe ich erleben müssen, daß Pflanzen auf eine Aktion von mir reagiert haben. Ich habe mich gar nicht so wahnsinnig intensiv um sie gekümmert. Tagsüber war ich öfter mit meinen Gedanken bei ihnen, aber ich habe keine großen Anstrengungen unternommen, der Witz war ja, daß es von Anfang an geklappt hat. Der beeindruckendste Versuch war einer, der eigentlich keiner war. Ich hatte da eine Pflanze, eine Begonie, die einfach nicht mit mir reden wollte. Sie reagierte auf nichts. Genau in dem Moment, als ich mich mit ihr beschäftigte und mich entschloß, den Versuch mit ihr abzubrechen, weil einfach kein Signal von ihr kam und ich den Gedanken faßte, mir eine neue Pflanze zu kaufen, reagierte sie mit einem riesigen Signal, so heftig, wie ich es bei keiner Pflanze zuvor gesehen hatte. Ich habe sofort alle Geräte kontrolliert, die waren in Ordnung. Dann kam mein Vater, er glaubte auch, daß die Geräte nicht richtig eingestellt seien, als er dieses Signal sah. Während wir über die Meßanordnung sprachen, kam noch einmal so ein riesiges Signal von der Pflanze. Ich möchte wirklich nicht so weit gehen und ihr Eifersucht unterstellen, aber ein paar Tage später, genau zu dem Zeitpunkt, an dem ich mit einer Freundin rumflirtete, reagierte die Pflanze zu Hause wieder so heftig. Von da an hatte ich im Prinzip Angst vor der Pflanze, ich wurde das Gefühl nicht los, daß hier immer jemand bei mir ist, der mich beobachtet. Da habe ich sie von den Meßgeräten abgehängt und mir wirklich eine Neue gekauft, einen Philodendron. Seither muß ich die Begonie ganz besonders pflegen, sie hat überall braune Blätter bekommen.«

Ein Ergebnis der Experimente, die jeder zu Hause selbst durchführen kann, ist für Bernd Fischer, wie für andere aus der Gruppe, daß sie die Unterschiede Pflanze/Tier/Mensch nicht mehr eindeutig festmachen können: »Im Moment gibt es für mich keine Unterschiede mehr zwischen dem Lebendigen. Ich habe jetzt angefangen, mich mit Umweltethik zu beschäftigen, da ist mir aufgefallen, daß es erst Sklaven ohne Rechte in der westlichen Welt gab, später hatten die Schwarzen in den USA noch immer keine Rechte, Frauen waren bis in unser Jahrhundert ziemlich rechtlos. Heute gibt es bei uns keine Sklaven mehr, die Schwarzen in den USA haben sich ihre Rechte erkämpft, die Emanzipation der Frauen hat sich durchgesetzt, wir haben gelernt, daß Tiere keine Sachen sind. Irgendwann werden auch die Pflanzen drankommen und nicht mehr rechtlos sein. Wir werden verstehen, daß sie ein Wahrnehmungsvermögen besitzen, daß sie sich erinnern, daß sie kommunizieren, daß sie Lebewesen sind, wie wir Menschen, wie Tiere.«

Auch Menschen, die mit Pflanzen kommunizieren können, haben mal Probleme mit ihrer Freundin. Einem der Mitglieder vom Arbeitskreis für Biokommunikation passierte es, daß seine Freundin ihm nach einem heftigen Streit die gesamte Habe vor die Türe ihrer Wohnung stellte. Bis auf die mit den Meßapparaturen verkabelte Pflanze....Als der Streit anderntags geschlichtet war, man gemeinsam die Sachen wieder eingeräumt hatte und der Blumenfreund wieder zu seiner Pflanze hinkonnte, mußte er feststellen, daß seine Pflanze während der gesamten Zeit, in der seine Freundin die Ausräumaktion durchgezogen hatte, ständig heftige Signale von sich gegeben hatte. Die Pflanze war ja in der Wohnung geblieben, und der Schreiber hatte jede ihrer Reaktionen sorgfältig dokumentiert...

Kapitel IX: Der Ruf der Rose

Ich freue mich, daß du wieder hier bist, komm, setz dich zu mir. Es ist doch viel schöner, diesen warmen Abend zusammen zu genießen. Ich weiß, du bist immer noch unsicher, ob es wirklich meine Stimme ist, die du in dir hörst. Jetzt siehst du ja meine Farben, du nimmst meinen Duft wahr, du spürst mich. All das macht es dir leichter zu fühlen, was ich dir sage. Du kannst sicher sein, ich höre dich immer. Auch wenn du nichts sagst, höre ich dich.

Um mit mir zu reden, brauchst du gar nicht zu denken, im Gegenteil, je mehr du denkst, um so schwieriger wird es. Deine Gedanken führen dich weit weg von mir. Du machst dir Sorgen über das, was gestern war und was morgen kommen wird. Das hat mit uns gar nichts zu tun. Sieh doch mal, die Wärme der Sonne, die Farben, der Duft, der leise Wind, all das kannst du mit Gedanken nicht erfassen. Du spürst es, und dann bist du in meiner Welt.

Daß du jetzt meine Blüten bewunderst, macht mich glücklich und noch schöner. Schade, daß du dich nicht sehen kannst, du blühst ja selbst gerade auf, weil du dich an mir erfreust und dadurch auch viel glücklicher wirst.

Weißt du noch, wie es war, als du bei mir saßest und mich das erste Mal gehört hast? Du warst so durcheinander, daß du schnell weggegangen bist. Als du mich bei dir zu Hause immer noch gehört hast, hast du sogar Angst bekommen, Angst vor der Stimme einer Rose. Da wußtest du noch nicht, daß du mich immer und überall hören kannst. Die Entfernung spielt gar keine Rolle, du brauchst mich nicht unbedingt zu sehen, um mit mir zu sprechen.

Übrigens, auch wenn du dich nicht erinnerst, als Kind hast du mit uns allen viel geredet. Damals war es noch selbstverständlich für dich, draußen im Gras zu sitzen, und es war ganz gleich, ob ein Käfer vorbeikam oder ob du in eine Blüte hineingeschaut hast oder das grüne Moos anfaßtest, du warst immer einer von uns, und du hast alle und alles verstanden. Ich freue mich sehr, daß du jetzt wieder beginnst, mit uns zu sprechen. Wir haben den Kontakt zu dir nie verloren. Für mich bist du kein Fremder, den ich erst kennenlernen muß. Du meinst jetzt, daß du mich gar nicht richtig kennst. Das stimmt. Du kannst mich nicht allein über deinen Verstand erfassen, du mußt dich in mich hineinfühlen. Vertraue der Kraft deiner Vorstellung! Du bewunderst ja meine Blüte, warum stellst du dir nicht einfach vor, wie es ist, eine Rose zu sein oder nur die Blüte oder nur ein Blatt. Es geht doch ganz leicht. Ist es nicht ein schönes Gefühl, ein Blatt meiner Blüte zu sein? Rosenrot, ganz weich, viel weicher als Samt, und verlockend zu duften? Du willst der Duft meiner Blüten sein? Auch gut. Ich wußte, du würdest dir etwas ganz Besonderes aussuchen. Du wirst winzig klein, als Duft über den Blättern meiner Blüte machst du jetzt eine Reise im Lichtreich.

Hättest du je gedacht, daß du einmal auf einem Sonnenschein tanzt? Schau nach unten, zu mir, siehst du die vielen verschiedenen Farben, die aus dem Rot meiner Blütenblätter strahlen? Spring herunter ins Meer der Regenbögen! Hab Vertrauen, das Licht trägt dich. Ja, es federt, spring ruhig herum, wenn es dir Spaß macht. Hast du gemerkt, daß das Licht, auf dem du gerade gesprungen bist, gar nicht von mir kommt? Schau nach, woher der Strahl kommt. Genau, von dem alten Kirschbaum, der da drüben steht. Du hast Recht, er versprüht überallhin Licht in allen Farben, wie du siehst, nicht nur einfach Grün, sondern Grün in allen Schattierungen, hundertmal Blau und Lila und zartes Gelb und jedes Mal anders. Nie zuvor hast du gewußt, daß es so viele Farben gibt. Das Licht schickt der große alte Baum, es umfaßt uns beide und das Gras unter uns. Es geht weiter als die

Hecke, zu dem kleinen Wald oben am Hügel, und noch viel, viel weiter. Das Licht hat einen Anfang, aber kein Ende. Blick um dich herum, guck auch nach unten und nach oben, überall hin, du liegst auf einem kleinen Regenbogen in einem Meer aus Licht. Seine Strahlen kannst du ebensowenig zählen wie die Sterne am Himmel der Nacht. Nein, du täuschst dich nicht, auch aus dir kommt Licht. Wir alle, die leben, haben dies gemeinsam, die kleinen Lebewesen der Erde um meine Wurzeln herum, alle Gräser und Kräuter, die Blumen und Bäume, genauso wie alle Tiere. Es ist das Licht des Lebens. Merkst du, daß alle Strahlen, die Strahlen vom Baum, von der Hecke, deine Strahlen und auch die Strahlen, die von weit herkommen, sich gegenseitig berühren und kurz miteinander verschmelzen, bevor sie mich erreichen? Verweile nicht zu lange bei der Schönheit der Lichter, was glaubst du, wozu sie da sind? Die Natur schafft nichts ohne einen tieferen Sinn. Ich verrate dir jetzt unser Geheimnis. Die Strahlen sind es, die uns ständig alles sagen, alles über die, die sie ausgeschickt haben. Auch über dich. Deshalb bist du für mich nicht fremd. Und wie du siehst, erreichen mich deine Strahlen immer, ob du mit mir redest oder nicht. Ob du hier bist oder anderswo.

Auch mein Licht erreicht dich und alle anderen Lebewesen, so wissen sie immer alles von mir. Du, der Mensch, aber nicht. Die Menschen gehen seit langer Zeit nicht den Lichtweg, sondern den Weg des Verstandes. Seit unsere Wege sich trennten, können nur wenige von euch uns verstehen. Den Kontakt habt ihr zu uns abgebrochen, nicht wir zu euch. Wir im Regenbogenmeer sind allwissend und verstehen auch euch Menschen wie seit altersher.

Ich freue mich sehr, daß du heute zu uns gekommen bist. Immer, wenn einer von euch eine Blume oder einen Baum wirklich liebt, macht uns das so glücklich, daß wir größer und schöner werden und süßere Früchte tragen.

Du kannst jetzt noch nicht verstehen, daß das Zeitalter des Lichts auf euch wartet. Du ahnst nicht einmal, welche märchenhaften Möglichkeiten offen vor euch liegen, wenn ihr die Lichtsprache wieder versteht und ihr ein Teil von uns werdet. Aber du hast heute die Strahlen gesehen, wie sie sich berühren und hinter den Himmel reisen. Und du hast gespürt, was einer von euch schon vor langer Zeit erkannt hat: Berühre eine Blume, und die Sterne erzittern.

Quellenverzeichnis

1) Wagner, Dr. Ed, W-Waves and A Wave Universe, Wagner Publishing, Rogue River, Oregon 1991

2) Tompkins, Peter und Bird, Christopher, The Secret Life of Plants, Harper & Row, Publishers, New York 1973

3) Backster, Cleve, Evidence Of A Primary Perception In Plant Life, in: The International Journal Of Parapsychology, Bd.X, New York 1968

4) Kmetz, John M., A Study of Primary Perception in Plant and Animal Life, in: Journal of the American Society for Psychichal Research, Vol. 71 (1977), S. 157–169, New York; Galston, Arthur W. und Slayman, Clifford L., Plant Sensitivity and Sensation, ebd.

5) Tompkins, Peter und Bird, Christopher, The Secret Life of Plants, Harper & Row, Publishers, New York 1973

6) ebd.

7) Science News, Vol. 138, Plants Bite Back, Dezember 1990

8) Wouter van Hoven, Mortalities in Kudu (Tragelaphus strepsiceros) populations related to chemical defence in trees, in: Journal of African Zoology, 105, S. 141–145

9) Mahall, Bruce E. und Callaway, Ragan, Root Communication among desert shrubs, in: Proc. Natl. Acad. Sci.USA, Vol. 88, S. 874–876, Februar 1991

10) Bristow, Alec, Wie die Pflanzen lieben, Ullstein Sachbuch, Berlin 1986

11) Gewächse können ganz schön giftig reagieren, in: Die Weltwoche, Nr. 4, 26.1.1989

12) NASA, Interior Landscape Plants For Indoor Air Pollution Abatement, Final Report, Washington, September 1989

13) ebd.

14) ebd.

15) Thellier, M., Desbiez, M.O., Champagnat, P., Kergosien, Y., Do memory processes occur also in plants?, in: Physiol. Plant., 56, S. 281–284, Copenhagen 1982

16) Desbiez, M.O., Kergosien, Y., Champagnat, P., Thellier, M.,

Memorization and delayed expression of regulatory messages in Plants, in: Planta, 160, S. 392–399, 1984

17) Europäische Patentanmeldung der Firma Ciba-Geigy Basel, Veröffentlichungsnummer: 0 351 357, Anmeldetag: 15.6.89

18) Esotera 9/86, Morphogenetische Felder im Test

19) Gould, Stephen Jay, Ever Since Darwin, Penguin Books Ltd., New York 1980

20) Puschkin, V.N., ›Flower Recall‹, Tsvetok Otzovie, in: Znaniya Sila, Moskau, November 1972

21) Hawken, Paul, Der Zauber von Findhorn, Rowohlt Taschenbuch Verlag GmbH, Reinbek bei Hamburg, 1989

22) Maclean, Dorothy, To Honor the Earth, Harper, San Francisco, 1991

23) Seattle, Wir sind ein Teil der Erde, Walter Verlag Olten und Freiburg i. Brsg., 1982

24) dtv-Lexikon, Band 15, 1973

25) Bruyere, Rosalyn L., Chakras Räder Des Lichts, Synthesis Verlag, Essen 1990

26) Scheffer, Mechthild, Bach Blütentherapie, Hugendubel Verlag München, 1990

27) ebd.

Die Autoren:

Dagny Kerner, geb. 1956, Journalistin (Fernsehen, Video, Radio, Zeitschriften mit Schwerpunkt Umwelt, Natur, Alternativmedizin), Publizistin (7 Bücher, Autorenteam mit Imre Kerner)

Dr. Imre Kerner, geb. 1938, Biochemiker, Energietrainer und Publizist. Ausbildung in Bioenergtik, Autogenem Training und energiemedizinischen Methoden in Deutschland, der Schweiz und den USA. Mitarbeit an internationalen Forschungsprojekten Energiemedizin in New York. Imre Kerner ist Begründer und Leiter des Deutschen Instituts für Therapeutic Touch, Mitglied ITTA (Int. Therapeutic Touch Ass.). Über die ITTA garantieren die TT Institutionen europaweit zwischen Oslo und Wien gleiche Qualitätsstandards bei Ausbildung, Prüfungen, Lehrerausbildung. Imre Kerner leitet heute die »Imre Kerner Int. School of Therapeutic Touch and EnerChi«.

Literatur/Videos:

Buch: Dr. Imre Kerner/Dagny Kerner:
»Therapeutic Touch & Energietraining«,
Titel der Originalausgabe: »Heilen«
© 1997 Kiepenheuer & Witsch Verlag, Köln,
ISBN 3-462-02640-2

Video: »Aura – Heilkraft oder Schwindel«
Video: »Mit Händen heilen«

Buch und Videos zu beziehen über:
Imre Kerner Int. School
of Therapeutic Touch and EnerChi
Kursorganisation Sabine Dietrich, HP
R.-Freericks-Str. 12, 45721 Haltern am See
Tel. & Fax: 0 23 64 / 50 88 85
email: sabinedietrich@therapeutictouch.de
Internet: www.therapeutictouch.de und www.nrchi.de

Seminare & Ausbildung
mit Dr. Imre Kerner:

Information/Anmeldung:
Imre Kerner Int. School
of Therapeutic Touch and EnerChi
Kursorganisation Sabine Dietrich, HP
R.-Freericks-Str. 12, 45721 Haltern am See
Tel. & Fax: 0 23 64 / 50 88 85
email: institut@therapeutictouch.de
Internet: www.therapeutictouch.de und www.nrchi.de

Seminare und Therapeutic Touch-Ausbildung mit Imre Kerner in: Berlin, München, Wien, Köln, Baden-Baden, Gera, Haltern, Saarbrücken, Norwegen, Italien, Portugal

- **Aus- und Weiterbildung Therapeutic Touch Basisprogramm**
  in 3 Wochenendseminaren. Mit Zertifikat Basiskurs für alle aus den Gesundheitsberufen, Krankenschwestern, Altenpfleger, Physiotherapeuten, Heilpraktiker, Hebammen, Psychologen, Ärzte ...

- **Aus- und Weiterbidlung zum Therapeutic Touch Practitioner**
  3 Semester, berufsbegleitend, Zertifikat Therapeutic Touch Practitioner für alle aus den Gesundheitsberufen

- **Ausbildung zum zertifizierten EnerChiCoach/ Energietrainer**
  6 Semester, besonders geeignet für alle, die nicht aus einem Gesundheitsberuf kommen und einen Beruf im Bereich Gesundheitsförderung anstreben.
  Fundiert energetische Methoden erlernen, für die Arbeit in eigener Praxis, in Firmen, Tourismus, Wellnessbranche, öffentlichen Institutionen, Schulen, Kindergärten, im Gesundheits-, Kinder-, Senioren- und Leistungssport ...
  mit Zertifikat EnerChiCoach/Energietrainer